AKADEMIE DER WISSENSCHAFTEN DER DDR
Zentralinstitut für Astrophysik

Veröffentlichungen der Sternwarte in Sonneberg

Band 7 · Heft 5

HERTA GESSNER

Die veränderlichen Sterne der nördlichen Milchstraße

Teil XIV

Akademie-Verlag · Berlin 1973

HERTA GESSNER

Die veränderlichen Sterne der nördlichen Milchstraße

Teil XIV

Veröffentlichungen der Sternwarte in Sonneberg · Band 7, Heft 5

AKADEMIE DER WISSENSCHAFTEN DER DDR
Zentralinstitut für Astrophysik

Veröffentlichungen der Sternwarte in Sonneberg

Band 7 · Heft 5

HERTA GESSNER

Die veränderlichen Sterne der nördlichen Milchstraße

Teil XIV

Akademie-Verlag · Berlin 1973

Erschienen im Akademie-Verlag, DDR-108 Berlin, Leipziger Str. 3–4

Lizenznummer: 202 · 100/576/73
Gesamtherstellung: VEB Druckerei „Thomas Müntzer", 582 Bad Langensalza
Bestellnummer: 761 781 7 (2006/VII/5) · ES 18 D 4
12,50
Printed in German Democratic Republic

Einleitung

In der vorliegenden Arbeit wird der Lichtwechsel von veränderlichen Sternen untersucht, die C. HOFFMEISTER auf Platten des neuen 40-cm-Astrographen (Brennweite 160 cm) entdeckt hat.

Wie G. RICHTER in den Veröffentlichungen der Sternwarte Sonneberg, Band 7, Heft 3 (1968) erwähnte, sind für eine brauchbare Ermittlung realer Häufigkeiten veränderlicher Sterne geringer Entdeckungswahrscheinlichkeit möglichst viele Plattenvergleiche pro Feld nötig. Da C. HOFFMEISTER für einige Felder neun Plattenvergleiche auf Platten der 40-cm-Astrographen durchgeführt hat, wurde beschlossen, die Zahl 9 als Gesamtzahl der Plattenvergleiche pro Feld zunächst beizubehalten.

Die Veränderlichen der vorliegenden und der folgenden Arbeiten sind die Grundlage einer detaillierteren Untersuchung der Untersysteme und der physikalischen Zustandsgrößen veränderlicher Sterne am Nordhimmel.

Übersicht der bearbeiteten Felder

Feld	Galakt. Koord. l^{II}	b^{II}	Äquinoktium 1925.0 α	δ	Anzahl der Platten	Zeitabschnitt 24...	Anzahl der Sterne
δ Aql	39°	-6°	290°.4	+ 3°.0	392	25410-39701	80
ϱ Cyg	90	-5	322.8	+45.3	228	27953-33210 38204-38311	55
ν Gem	192	+4	96.1	+20.3	250	28108-31146 33306-38816	34
e Gem	201	+6	102.6	+13.3	229	30267-39948	32

Feld δ Aquilae

Nr.	Name	α1855.0	δ1855.0	Art	Phase	Epoche 24....	Periode	Max.	Min.
3591	S 9398 Aql	$18^h58^m.5$	$-1^\circ27'$	L	–	–	–	$15^m.6$	[$16^m.2$
3592	S 9399 Aql	19 0.3	-0 37	E	Min.	25859.360	$3^d.494951$	14.0	[16.5
3593	S 9400 Aql	19 1.9	-1 6	M	Max.	37835	698	15.1	[17
3594	S 9401 Aql	19 2.6	-1 40	M	Max.	31370	294.5	15.9	[17
3595	S 9402 Aql	19 3.8	+3 21	M	Max.	27220	417	15.5	[17.5
3596	S 9403 Aql	19 4.0	+1 53	M	Max.	25535	261	15.4	[17.5
3597	S 9404 Aql	19 6.3	+2 24	M?	–	–	–	14.0	16.5
3598	S 9405 Aql	19 7.5	+0 54	E	Min.	37586.280	0.937732	13.2	13.7
3599	S 9406 Aql	19 8.3	-1 43	M	Max.	38675	860/n	14.8	[17.5
3600	S 9407 Aql	19 8.9	-0 36	RRab	Max.	37545.40	0.4002	16.3	17.3:
3601	S 9408 Aql	19 9.7	+0 45	EB	Min.	31374.25	4.68477	16.2	17.8:
3602	S 9409 Aql	19 10.5	+2 11	RRab	Max.	31027.287	0.589085	15.6	16.9
3603	S 9410 Aql	19 10.5	0 0	L?	–	–	–	15.8	[17.5
3604	S 9411 Aql	19 11.8	+3 15	M	Max.	37935	142.3	16.0	[17.5
3605	S 9412 Aql	19 12.4	+2 7	M	Max.	25465	175.8	15.6	[17.5
3606	S 9413 Aql	19 13.2	+4 40	M	Max.	38286	302	13.8	[17
3607	S 9414 Aql	19 14.9	+7 6	E	Min.	31650.462	1.80375	15.9	17.2:
3608	S 9415 Aql	19 15.1	+1 11	RR	Max.	37932.310	0.5013/n	15.3	[16.0
3609	S 9416 Aql	19 15.4	+0 7	E	–	–	–	13.5	14.0
3610	S 9417 Aql	19 15.8	+7 10	M	Max.	37965	360:	14.8	[17.5
3611	S 9418 Aql	19 16.7	+1 26	RRab	Max.	31652.467	0.356005	14.8	16.0
3612	S 9419 Aql	19 16.8	-0 37	L	–	–	–	15.8	[16.5
3613	S 9420 Aql	19 16.9	-0 29	L	–	–	–	14.7	15.8
3614	S 9421 Aql	19 17.1	+1 48	L	–	–	–	15.4	15.9
3615	S 9422 Aql	19 17.3	+5 32	L	–	–	–	15.9	[17.5
3616	S 9423 Aql	19 17.5	+3 1	E?	–	–	–	16.0	[17.0
3617	S 9424 Aql	19 18.8	+7 3	L	–	–	–	14.2	14.8
3618	S 9425 Aql	19 18.9	+7 19	L	–	–	–	15.1	16.0
3619	S 9426 Aql	19 19.1	-1 47	M	Max.	38270	320	14.0	[18
3620	S 9427 Aql	19 19.9	+6 14	RRab	Max.	31371.304	0.699931	14.7	15.8
3621	S 9428 Aql	19 20.3	+3 6	M	Max.	37570	271.5	15.7	[18
3622	S 9429 Aql	19 20.7	+3 55	M	Max.	37945	244.5	15.0	[16.5

Fortsetzung Feld δ Aquilae

Nr.	Name	α1855.0	δ1855.0	Art	Phase	Epoche 24....	Periode	Max.	Min.
3623	S 9430 Aql	$19^h21^m.9$	$+5^o20'$	M	Max.	37870	$272^d.5$	$15^m.4$	[17^m
3624	S 9431 Aql	19 22.1	+3 10	M	Max.	37580	229.5	15.6	[17.5
3625	S 9432 Aql	19 22.3	+4 16	M	Max.	31650	405	16.8	[18
3626	S 9433 Aql	19 22.3	+5 19	EA	Min.	25809.517	0.703048	13.3	13.9
3627	S 9434 Aql	19 23.6	-0 39	EA	Min.	31650.462	3.14546	15.5	16.6
3628	S 9435 Aql	19 23.6	+2 10	M	Max.	29462	224	15.4	18
3629	S 9436 Aql	19 23.7	+7 32	RRab	Max.	31647.492	0.508979	15.4	16.2
3630	S 9437 Aql	19 24.2	+4 18	SRa	Max.	37845	170	15.3	17
3631	S 9438 Aql	19 25.0	+6 31	L	-	-	-	14.9	15.5
3632	S 9439 Aql	19 25.5	+2 16	M	Max.	37845	470	15.9	[18
3633	S 9440 Aql	19 25.9	+6 8	RRab	Max.	37543.330	0.577265	15.7	16.5
3634	S 9441 Aql	19 26.5	+0 46	I	-	-	-	15.4	16.5
3635	S 9442 Aql	19 26.5	+2 39	EA	Min.	31652.35	8.9065	15.7	[17
3636	S 9443 Aql	19 26.6	+3 8	RR	-	-	-	16.0	[17
3637	S 9444 Aql	19 27.3	-1 6	L	-	-	-	15.8	[16.5
3638	S 9445 Aql	19 27.3	+3 42	M	Max.	37880	1060/2	15.6	[17
3639	S 9446 Aql	19 27.7	+6 50	L	-	-	-	10	10.4
3640	S 9447 Aql	19 27.9	+1 46	L	-	-	-	12.5	13.0
3641	S 9448 Aql	19 28.3	+3 50	RRab	Max.	37545.420	0.524025	15.4	16.0
3642	S 9449 Aql	19 28.5	+4 53	L	-	-	-	15.8	17
3643	S 9450 Aql	19 28.8	+4 42	M	Max.	37915	193	15.6	[17
3644	S 9451 Aql	19 29.1	+1 1	SRa	Max.	25445	105.1	15.2	16.3
3645	S 9452 Aql	19 30.1	+4 34	L	-	-	-	14.9	15.5
3646	S 9453 Aql	19 30.2	+7 18	M	Max.	37880	175.5	16.1	[17
3647	S 9454 Aql	19 30.7	+3 24	?s	-	-	-	16.0	16.8:
3648	S 9455 Aql	19 32.3	+4 25	M	Max.	26605	307.5	14.2	[17.5
3649	S 9456 Aql	19 32.5	+2 25	SRa	Max.	37815	75	14.8	15.9
3650	S 9457 Aql	19 33.3	-0 32	M	Max.	37590	208	14.2	[17
3651	S 9458 Aql	19 33.3	+4 57	RRab	Max.	29460	0.731706	15.0	16.1
3652	S 9459 Aql	19 35.1	+0 55	M	Max.	26515	298	14.3	[17.5
3653	S 9460 Aql	19 35.3	+3 46	RRab	Max.	37560.310	0.60730	15.2	15.8
3654	S 9461 Aql	19 35.5	+6 5	L	-	-	-	14.5	15.2

Fortsetzung Feld δ Aquilae

Nr.	Name	α1855.0	δ1855.0	Art	Phase	Epoche 24....	Periode	Max.	Min.
3655	S 9462 Aql	$19^h35^m.9$	$-0^o15'$	RRab	Max.	31029.295	$0^d.426448$	$15^m.5$	$16^m.4$
3656	S 9463 Aql	19 36.1	+0 53	M	Max.	38675	315.5	13.6	[17
3657	S 9464 Aql	19 36.2	+1 21	L	-	-	-	14.5	15.0
3658	S 9465 Aql	19 36.9	+0 44	L	-	-	-	15.8	16.5
3659	S 9466 Aql	19 37.6	+4 13	E	Min.	37559.480	1.83506	14.6	15.8
3660	S 9931 Aql	19 11.8	+0 32	EA	Min.	31374.260	3.2155	15.9	[17.3
3661	S 9932 Aql	19 12.9	+6 38	M	Max.	37565	357	15.4	[17.5
3662	S 9933 Aql	19 13.3	+2 12	M	Max.	37925	355	14.8	[18
3663	S 9934 Aql	19 15.6	+1 14	Ia	-	-	-	11.5	13.5
3664	S 9935 Aql	19 21.7	+7 7	L	-	-	-	13.8	14.5
3665	S 9936 Aql	19 25.1	+5 19	E	-	-	1/n	15.0	15.6
3666	S 9937 Aql	19 26.3	+4 33	L	-	-	-	14.7	15.2
3667	S 9938 Aql	19 33.5	+2 9.	L	-	-	-	11.0	11.5
3668	S 9939 Aql	19 35.9	-0 44	CW?	Max.	37588	32.05	14.3	15.0
3669	S 9940 Aql	19 37.7	+5 0	M	Max.	37600	325	15.0	[17
3670	S 9941 Aql	19 37.9	+2 12	E	Min.	31652.467	1.420572	15.4	16.5

Entdeckungsanzeige und Umgebungskarten in Astr. Nachr. 289, p. 139–152 (1965) und
Astr. Nachr. 290, p. 43–60 (1967)

Feld ϱ Cygni

Nr.	Name	α1855.0	δ1855.0	Art	Phase	Epoche 24....	Periode	Max.	Min.
3671	S 8375 Cyg	$21^h\ 1^m.3$	$+46^\circ\ 6'$	?	–	–	–	$15^m.9$	$16^m.4$
3672	S 8376 Cyg	21 2.4	+45 46	L	–	–	–	15.4	16.1
3673	S 8377 Cyg	21 3.6	+45 57	L	–	–	–	15.3	16.4
3674	S 8378 Cyg	21 4.2	+42 47	L	–	–	–	14.7	15.5
3675	S 8379 Cyg	21 5.1	+48 8	M	Max.	28260	339^d	14.8	[18
3676	S 8380 Cyg	21 5.2	+48 1	EB	Min.	27978.445	0.704937	15.1	15.8
3677	S 8381 Cyg	21 8.1	+43 25	M	Max.	29130	136	16.4	[17.5
3678	S 8382 Cyg	21 11.7	+43 23	E	Min.	27960.490	1.548602	13.8	14.2
3679	S 8383 Cyg	21 12.0	+44 16	L	–	–	–	15.1	15.7
3680	S 8384 Cyg	21 13.2	+40 21	M	Max.	29080	265	15.8	[17.5
3681	S 8385 Cyg	21 15.5	+40 18	L	–	–	–	16.6	[17.5
3682	S 8386 Cyg	21 17.4	+41 43	E	Min.	38257.49	5/n	15.7	18:
3683	S 8387 Cyg	21 17.6	+46 16	RR	Max.	29102.430	0.615012	16.2	17.6
3684	S 8388 Cyg	21 18.6	+44 52	RR?	–	–	–	15.3	15.9
3685	S 8389 Cyg	21 19.2	+42 23	L	–	–	–	16.3	17.0
3686	S 8390 Cyg	21 20.8	+41 31	EB	Min.	28069.335	1.203954	14.7	15.1
3687	S 8391 Cyg	21 21.8	+42 20	?	–	–	–	16.5	17.2
3688	S 8392 Cyg	21 22.0	+42 4	M	Max.	38260	440	15.4	17.0
3689	S 8393 Cyg	21 23.7	+41 41	UG	Max.	27953.5	24.78	16.4	18
3690	S 8394 Cyg	21 24.0	+47 14	E	Min.	31327.417	6.115/n	15.4	18
3691	S 8395 Cyg	21 24.1	+47 11	L	–	–	–	15.7	[17
3692	S 8396 Cyg	21 24.1	+48 28	C?	Max.	29456.5	4.3533	13.9	14.4
3693	S 8397 Cyg	21 24.7	+46 9	EA	Min.	29216.300	1.742986	15.3	[17.3
3694	S 8398 Cyg	21 28.9	+42 19	E	–	–	–	16.3	[17.5
3695	S 8399 Cyg	21 29.1	+41 19	I	–	–	–	15.5	16.6
3696	S 8400 Cyg	21 29.3	+48 33	UG	–	–	–	14.5	[17.5
3697	S 8401 Cyg	21 31.4	+42 42	L	–	–	–	14.0	15.0
3698	S 8402 Cyg	21 32.5	+46 58	E	–	–	–	15.5	16.2
3699	S 8403 Cyg	21 33.3	+47 1	E	Min.	38257.49	5.0±	16.4	17
3700	S 8404 Cyg	21 34.0	+41 35	L	–	–	–	15.7	16.5
3701	S 8405 Cyg	21 34.9	+47 20	L	–	–	–	16.3	16.7
3702	S 8406 Cyg	21 36.3	+44 50	L	–	–	–	15.6	16.0

Fortsetzung Feld ϱ Cygni

Nr.	Name	α1855.0	δ1855.0	Art	Phase	Epoche 24....	Periode	Max.	Min.
3703	S 8407 Cyg	$21^h36^m.8$	$+45^\circ30'$	E	–	–	–	$15^m.4$	$16^m.8$
3704	S 8408 Cyg	21 36.9	+42 36	RR	–	–	–	17.2	[17.6
3705	S 8409 Cyg	21 38.0	+48 15	L	–	–	–	13.8	15.4
3706	S 8410 Cyg	21 38.4	+45 8	L	–	–	–	15.5	16.3
3707	S 8411 Cyg	21 39.0	+47 15	UG	–	–	–	15.0	[17.5
3708	S 8412 Cyg	21 40.8	+43 45	M	Max.	29270	$343^d.5$	14.2	[18
3709	S 8413 Cyg	21 44.7	+47 18	L	–	–	–	16.4	[17
3710	S 8414 Cyg	21 45.5	+47 7	M	Max.	28820	339	14.7	[17.5
3711	S 8415 Cyg	21 46.6	+48 37	L	–	–	–	15.0	16.5
3712	S 8416 Cyg	21 47.2	+43 18	E	–	–	–	13.7	14.0
3713	S 8417 Cyg	21 47.9	+43 23	L	–	–	–	14.1	15.8
3714	S 8418 Cyg	21 48.7	+44 9	RRab	Max.	27983.430	0.685168	14.8	16.2
3715	S 8419 Cyg	21 50.0	+40 54	E	–	–	12.7744?	15.2	15.8
3716	S 8420 Cyg	21 50.1	+46 39	E	–	–	–	15.8	16.5
3717	S 8421 Cyg	21 51.3	+44 41	Unv?	–	–	–	15.5	
3718	S 8422 Cyg	21 52.0	+46 5	M	Max.	38280	366?	15.1	[16.5
3719	S 8423 Cyg	21 52.1	+45 12	M	Max.	28425	108.7?	14.8	17
3720	S 8424 Cyg	21 52.9	+44 38	L	–	–	–	16.4	[17.5
3721	S 8425 Lac	21 53.6	+43 11	L	–	–	–	15.2	15.5
3722	S 8426 Lac	21 54.6	+43 9	EA	Min.	29102.410	2.289082	15.8	17.2
3723	S 8427 Lac	21 54.9	+41 48	SRa	Max.	29240	150.5	15.7	17
3724	S 8428 Lac	21 55.4	+42 24	L	–	–	–	16.2	16.8
3725	S 8429 Cyg	21 56.6	+47 20	EA	Min.	29102.433	1.829073	15.2	[17.0

Entdeckungsanzeige und Umgebungskarten in Astr. Nachr. <u>288</u>, p. 49–68 (1964)

Feld ν Geminorum

Nr.	Name	α 1855.0	δ 1855.0	Art	Phase	Epoche 24....	Periode	Max.	Min.
3726	S 7926 Ori	$5^h 59^m.1$	+15° 16'	E	–	–	–	$13^m.6$	$14^m.3$
3727	S 7927 Ori	6 0.7	+16 35	EB	Min.	29168.562	$1^d.025042$	14.8	15.8
3728	S 7928 Gem	6 3.1	+24 15	L	–	–	–	14.8	15.7
3729	S 7929 Gem	6 3.4	+24 44	EB	Min.	30319.688	1.068963	11.4	12.5
3730	S 7930 Ori	6 5.5	+18 15	EA	Min.	28251.280	2.48153	14.6	[16.5
3731	S 7931 Ori	6 7.2	+15 36	E	Min.	28251.328	1.040442	13.3	14.7
3732	S 7932 Ori	6 7.2	+18 27	L	–	–	–	12.7	13
3733	S 7933 Ori	6 9.3	+20 28	L	–	–	–	15.3	16.1
3734	S 7934 Ori	6 11.5	+19 48	EA	Min.	29617.636	3.77068	14.4	15.0
3735	S 7935 Gem	6 17.2	+18 9	L	–	–	–	15.8	16.4
3736	S 7936 Gem	6 18.6	+23 55	E	Min.	29168.610	1.70026	15.7	16.6
3737	S 7937 Gem	6 20.0	+24 8	M	Max.	29132	386	12.7	[18
3738	S 7938 Gem	6 20.3	+18 14	RRab	Max.	29231.525	0.371098	15.8	17
3739	S 7939 Gem	6 20.6	+22 17	RRab	Max.	29575.485	0.561652	16.0	17
3740	S 7940 Gem	6 21.2	+17 24	L	–	–	–	12.9	13.2
3741	S 7941 Gem	6 21.3	+23 34	L	–	–	–	10.6	11.2
3742	S 7942 Gem	6 22.0	+23 33	L	–	–	–	11.6	12.3
3743	S 7943 Gem	6 25.0	+22 14	EW	Min.	38406.320	0.3342	16.7	17.5
3744	S 7944 Gem	6 25.9	+20 5	E	Min.	28809.650	0.95422	13.5	13.9
3745	S 7945 Gem	6 26.5	+25 18	E	–	–	–	16	17
3746	S 7946 Gem	6 26.8	+23 21	M	Max.	29640	217	15.3	[19
3747	S 7947 Gem	6 31.1	+20 41	RRab	Max.	29163.628	0.499453	14.5	15.8
3748	S 7948 Gem	6 31.7	+21 52	EA	Min.	29231.593	1.427281	15.2	16.3
3749	S 7949 Gem	6 32.4	+15 40	L	–	–	–	15.8	16.6
3750	S 7950 Gem	6 32.4	+17 39	E	Min.	29250.580	1.131194	15.0	16.2
3751	S 7951 Gem	6 33.8	+20 32	E	–	–	0.79?	16.2	[17
3752	S 7952 Gem	6 33.9	+16 26	SR	Max.	30000	133.5	13.6	14.3
3753	S 7953 Gem	6 35.5	+16 2	EB	Min.	29231.515	0.4079925	14.0	15.0
3754	S 7954 Gem	6 35.6	+19 26	E	Min.	38406.440	0.54?	16.3	16.8
3755	S 7955 Gem	6 36.2	+22 25	EB	Min.	29168.640	2.348980	13.8	15.2
3756	S 7956 Gem	6 36.4	+21 37	?	–	–	–	13.4	13.8

Fortsetzung Feld ν Geminorum

Nr.	Name	α1855.0	δ1855.0	Art	Phase	Epoche 24....	Periode	Max.	Min.
3757	S 7957 Gem	$6^h40^m.1$	+19°46'	E	–	–	–	$15^m.4$	[18^m
3758	S 7958 Gem	6 40.1	+20 10	L	–	–	–	15.2	15.8
3759	S 7959 Gem	6 41.7	+16 51	L	–	–	–	13.4	14.5

Entdeckungsanzeige und Umgebungskarten in Astr. Nachr. 287, p. 169–182 (1963)

Feld e Geminorum

Nr.	Name	α1855.0	δ1855.0	Art	Phase	Epoche 24....	Periode	Max.	Min.
3760	S 9206 Gem	$6^h37^m.4$	+17°13'	EA	Min.	30428.39	$6^d.15396$	$15^m.2$	$16^m.3$
3761	S 9207 Gem	6 43.4	+15 49	EA	Min.	30463.270	2.93091	16.0	16.8
3762	S 9208 Gem	6 44.6	+16 51	UG	Max.	30378	258.3:	14.7	[17.5
3763	S 9209 Gem	6 46.9	+16 28	E	–	–	–	14.4	14.7
3764	S 9210 Gem	6 55.3	+13 29	M	Max.	30530	360.5	14.8	[18
3765	S 9211 Gem	6 57.1	+10 48	EA	Min.	30996.570	3.68853	15.2	[17
3766	S 9212 Gem	6 57.6	+10 45	RW	–	–	–	13.9	14.8
3767	S 10204 Gem	6 25.7	+16 2	L	–	–	–	15.8	16.5:
3768	S 10205 Gem	6 26.5	+13 5	SR	Max.	30350	159.7	15.2	16
3769	S 10206 Mon	6 29.6	+10 21	C	Max.	30326.5	7.998:	16.5	17.5:
3770	S 10207 Gem	6 31.8	+15 15	E	–	–	–	15.4	16.0
3771	S 10208 Gem	6 34.6	+18 9	E	Min.	30377.62	1.97:	14.7	15.3
3772	S 10209 Gem	6 35.9	+14 40	E	–	–	–	15.4	17.5:
3773	S 10210 Gem	6 37.0	+17 57	EA	Min.	30328.74	5.90324	14.9	[16.7
3774	S 10211 Gem	6 37.9	+14 57	EA	Min.	30377.60	3.78067	15.3	17.0:
3775	S 10212 Gem	6 38.9	+12 5	E?	–	–	–	16.0	16.4
3776	S 10213 Mon	6 43.7	+ 8 44	M	Max.	30615	374	15.2	[17

Fortsetzung Feld e Geminorum

Nr.	Name	α1855.0	δ1855.0	Art	Phase	Epoche 24....	Periode	Max.	Min.
3777	S 10214 Gem	$6^h45^m.4$	$+15^\circ31'$	EA	Min.	30346.59	$3^d.81989$	$15^m.3$	[$16^m.7$
3778	S 10215 Mon	6 45.8	+ 9 58	L	–	–	–	13.0	13.4
3779	S 10216 Mon	6 46.9	+11 1	M?	–	–	–	16.5	[18
3780	S 10217 Gem	6 49.7	+15 57	RRab	Max.	38373.589	0.347611	15.4	16.5
3781	S 10218 Gem	6 49.9	+18 36	E	–	–	–	14.3	16.5
3782	S 10219 Gem	6 51.1	+14 16	EB	Min.	30328.694	0.726200	14.5	15.0
3783	S 10220 Gem	6 52.7	+13 1	RW	–	–	–	15.3	17
3784	S 10221 Gem	6 54.4	+17 45	RRab	Max.	30428.346	0.526386	14.8	15.5
3785	S 10222 Gem	6 56.1	+15 48	L	–	–	–	15.0	15.7
3786	S 10223 Gem	6 56.6	+10 55	E	Min.	31441.55	1.290032	16.5	[17.5
3787	S 10224 Gem	6 57.3	+17 26	L	–	–	–	13.7	14.3
3788	S 10225 CMi	7 1.1	+12 25	E	Min.	38378.59	1.13888	11.8	12.1
3789	S 10226 CMi	7 4.9	+ 8 47	RR	–	–	1.04/n	16.0	[16.5
3790	S 10227 CMi	7 5.3	+ 8 56	L	–	–	–	13.8	14.6
3791	S 10228 CMi	7 6.0	+ 8 39	E	Min.	31555.37	10.45623:	14.1	[16.0

Entdeckungsanzeige und Umgebungskarten in Astr. Nachr. 289, p. 139–152 (1965) und Astr. Nachr. 290, p. 277–286 (1968)

Feld δ Aquilae

3591. S 9398 Aql Unregelmäßig; $15\overset{m}{.}6$ –[$16\overset{m}{.}2$

Wegen Randnähe konnten die Aufnahmen des 17-cm-Astrographen nicht ausgewertet werden. Auf dem überwiegend größeren Teil des Beobachtungsmaterials befindet sich der Stern im schwachen Licht. Folgendes Resultat ergab sich:

243	1027 ... 1029	im hellen Licht
	1370 ... 1374	im schwachen Licht
	1647 ... 1670	" " "
	7542 ... 7940	" " "
	7956 ... 7964	im hellen Licht

Der Stern ist rot.

3592. S 9399 Aql Bedeckungsstern; $14\overset{m}{.}0$ –[$16\overset{m}{.}5$

Min. = 242 5859.360 + $3\overset{d}{.}494951$·E

JD	E	B–R	JD	E	B–R
242 5859.357	0	–0.003	243 7815.536	3421	–0.051
5866.414	2	+0.064	7857.496	3433	–0.031
6149.479	83	+0.038	7871.490	3437	–0.017
6247.339	111	+0.039	7878.497	3439	+0.001
6481.515	178	+0.054	7885.479	3441	–0.007
6509.486	186	+0.065	7934.391	3455	–0.025
6621.302	218	+0.043	8287.325	3556	–0.081
6946.379	311	+0.089	8584.524	3641	+0.047
243 1374.315	1578	–0.078	8591.519	3643	+0.053
1650.462	1657	–0.032	8640.373	3657	–0.023
7546.388	3344	–0.088	8675.308	3667	–0.037
7560.392	3348	–0.064	8937.461	3742	–0.006
7588.379	3356	–0.037			

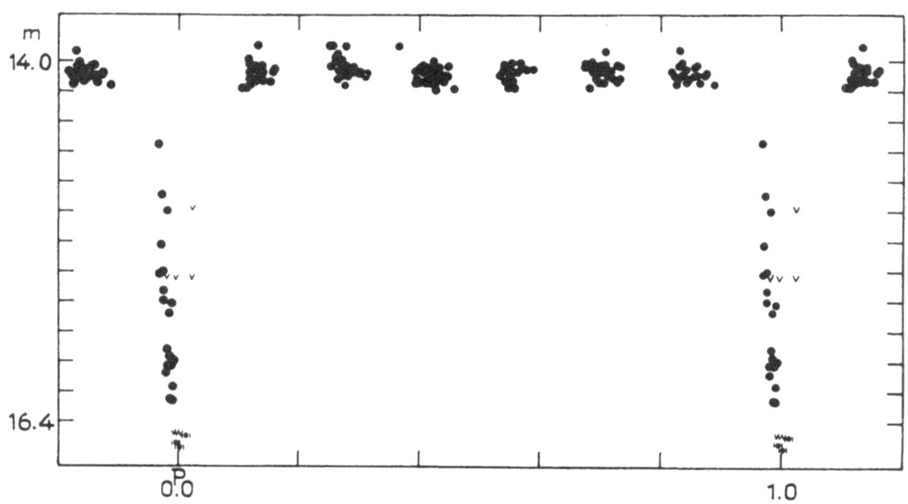

3593. S 9400 Aql Mira-Stern; $15^m_.1$ –[17^m

Max. = 243 7835 + 698^d·E

JD	E	B–R
242 6648	–16	–19
9460	12	+ 1
243 6455	2	+16
7145	– 1	+ 8
7835	0	0
9205	+ 2	–26

Die angegebenen Maxima beruhen, ausgenommen jenes bei E = 0, nur auf Einzelbeobachtungen. Eventuell ist die Periode zu halbieren.

3594. S 9401 Aql Mira-Stern; $15^m_.9$ –[17^m

Max. = 243 1370 + $294^d_.5$·E

JD	E	B–R
243 1370	0	0
1670	1	+5.5
7545	21	–9.5
7845	22	–4

Die Elemente sind etwas unsicher. Auf den Blättern des Palomar-Atlasses zeigt sich, daß der Stern aus zwei Komponenten besteht, deren nördlich folgende rot ist.

3595. S 9402 Aql Mira-Stern; $15^m_.5$ –[$17^m_.5$

Max. = 242 7220 + 417^d·E

JD	E	B–R
242 7220	0	0
7639	1	+ 2
243 1350	10	–40
6369	22	–25
7191	24	–37
8940	28	+44
9350	29	+37

Die Maxima sind zumeist nur durch je eine Beobachtung belegt.

3596. S 9403 Aql Mira-Stern; $15^m_.4$ –[$17^m_.5$

Max. = 242 5535 + 261^d·E

JD	E	B-R
242 5535	0	0
6570	4	- 9
243 7545	46	+ 4
7805	47	+ 3
8580	50	- 5
9350	53	-18

Alle Maxima sind gewonnen aus einzelnen Beobachtungen bzw. Abstiegen bei E = 46 und E = 50. Bei E = 47 wird anscheinend nicht die sonstige Helligkeit erreicht.

3597. S 9404 Aql Langsam veränderlich; $14^m_.0$ - $16^m_.5$ (Mira-Stern?)

Von 243 7542 bis 7964 ist der Veränderliche im schwachen Licht. Lediglich auf den etwas sporadisch vorliegenden Platten der Jahre 1963 bis 1966 konnte ein Ausbruch beobachtet werden: 8268 bis 8290 schwach, 8584 bis 8591 $14^m_.0$. Diesem Maximum folgt ein sehr langsam verlaufender Abstieg, dem sich anscheinend ab 9000 eine flache Welle anschließt. Das Beobachtungsmaterial des 17-cm-Triplets zeigt ihn stets [15^m. Rote Farbe.

3598. S 9405 Aql Bedeckungsstern; $13^m_.2$ - $13^m_.7$

Min. = 243 7586.280 + $0^d_.937732$·E

JD	E	B-R	JD	E	B-R
242 5792.451	-12577	+0.026	243 7839.464	+ 270	-0.004
5807.433	12561	+0.005	7854.460	286	-0.011
5884.295	12479	-0.027	7869.470	302	-0.005
6484.520	11839	+0.049	7870.417	303	+0.004
6514.474	11807	-0.004	7883.520	317	-0.021
243 6754.474	- 887	-0.038	7885.436	319	+0.020
7586.281	0	-0.001	7932.310	369	+0.007
7824.446	+ 254	-0.018	8591.519	+1072	-0.010

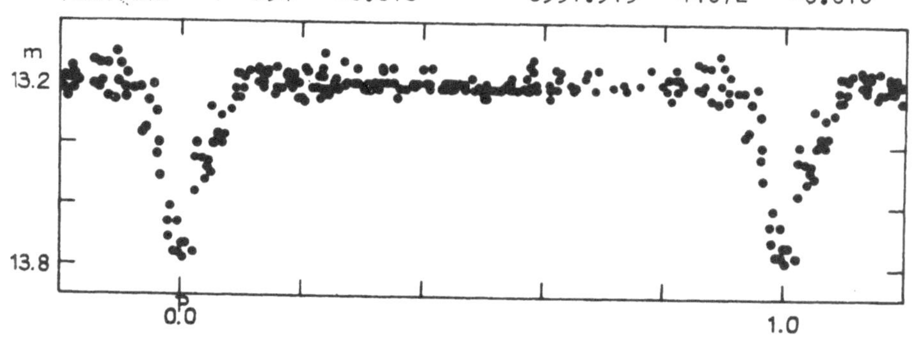

3599. S 9406 Aql Mira-Stern; $14\overset{m}{.}8$ – [$17\overset{m}{.}5$

Der Stern befindet sich meist unter der Sichtbarkeitsgrenze der Platten. Im hellen Licht zeigt er sich bei

243 7815	$15\overset{m}{.}1$	anschließend Abstieg bis 870 ([$17\overset{m}{.}0$)
8675	14.8	2 Beobachtungen
9205	15.2	1 Beobachtung

Das Beobachtungsmaterial ist nicht ausreichend, um eine Periode nachweisen zu können.

3600. S 9407 Aql RR-Lyrae-Stern; $16\overset{m}{.}3$ – $17\overset{m}{.}3$:

Max. = 243 7545.40 + $0\overset{d}{.}4002$·E

M – m = $0\overset{d}{.}10$ Typus RRab

JD	E	B–R	JD	E	B–R
243 7545.39	0	–0.01	243 7904.43	897	+0.05
7547.40	5	0.00	7908.40	907	+0.02
7559.40	35	–0.01	7910.40	912	+0.02
7584.28	97	+0.06	7932.39	967	0.00
7588.34	107	+0.12	7934.39	972	0.00
7821.53	690	–0.01	8287.32	1854	–0.05
7854.46	772	+0.11	8587.50	2604	–0.02
7874.45	822	+0.09	8622.43	2691	+0.09
7878.46	832	+0.09	8640.37	2736	+0.02
7886.48	852	+0.11	8674.30	2821	–0.06
7898.40	882	+0.02	8940.51	3486	+0.01

In der Lichtkurve sind nur die Beobachtungen der Reihenaufnahmen enthalten (Sep. 1961 bis Okt. 1962).

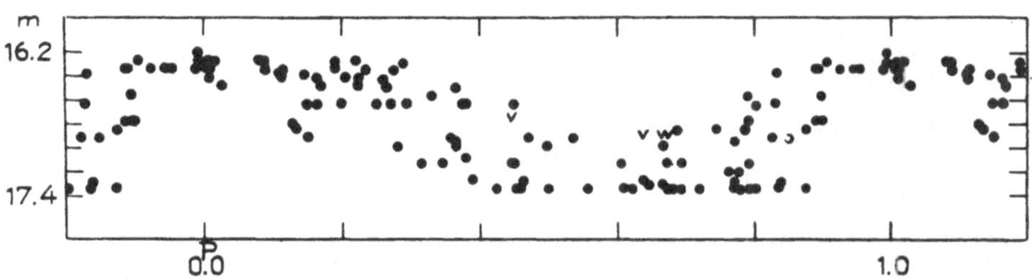

3601. S 9408 Aql β-Lyrae-Stern; $16\overset{m}{.}2$ – $17\overset{m}{.}8$:

Min. = 243 1374.25 + $4\overset{d}{.}68477$·E

$A_2 = 0\overset{m}{.}4$

	JD	E	B-R
243	1374.29	0	+0.04
	7586.28	1326	+0.03
	7956.30	1405	-0.05
	8284.33	1475	+0.04
	8640.37	1551	+0.04

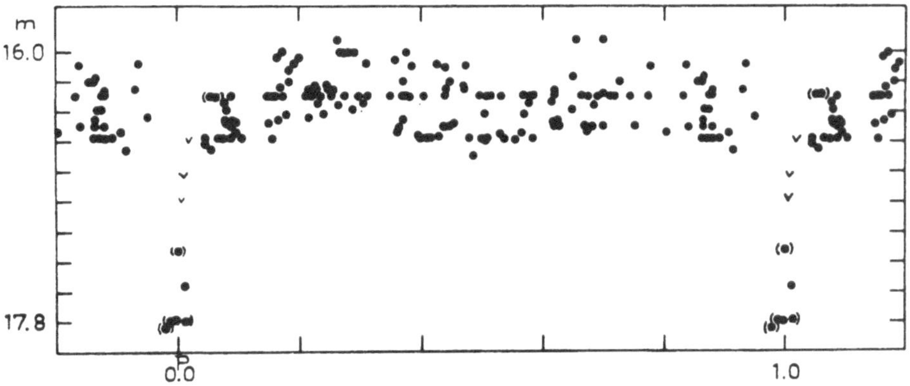

3602. ‾ S 9409 Aql RR-Lyrae-Stern; $15^m_.6$ – $16^m_.9$

Max. = 243 1027.287 + $0^d_.589085$·E

M – m = $0^d_.08$ Typus RRab

	JD	E	B-R		JD	E	B-R
242	5827.415	– 8827	-0.019	243	7875.431	+11625	+0.031
	5863.352	– 8766	-0.016		7876.551	11627	-0.027
243	1027.287	0	0.000		7885.436	11642	+0.021
	1371.304	+ 584	-0.009		7898.379	11664	+0.005
	1374.297	589	+0.039		7908.376	11681	-0.013
	7544.337	11063	+0.003		7911.339	11686	+0.005
	7577.324	11119	+0.001		7934.327	11725	+0.018
	7587.330	11136	-0.008		7964.328	11776	-0.024
	7839.464	11564	-0.002		8288.324	12326	-0.025
	7842.445	11569	+0.034		8937.461	13428	-0.059
	7869.483	11615	-0.026		8940.515	+13433	+0.049
	7872.455	+11620	0.000				

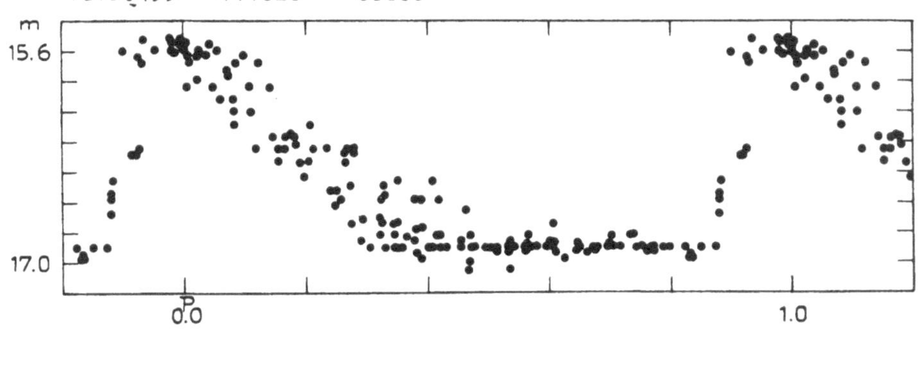

3603. S 9410 Aql Langsam veränderlich; $15^{\mathrm{m}}.8$ – [$17^{\mathrm{m}}.5$

Das Beobachtungsmaterial ist nicht ausreichend für die Feststellung, ob der Lichtwechsel dieses roten Sterns periodisch verläuft. Folgende Angaben können gemacht werden:

243 1647 ... 1670	$16^{\mathrm{m}}.5$
7542 ... 7904	[17.5
ab 7907	Anstieg
7932 ... 7964	15.8

3604. S 9411 Aql Mira-Stern; $16^{\mathrm{m}}.0$ – [$17^{\mathrm{m}}.5$

Max. = 243 7935 + $142^{\mathrm{d}}.3 \cdot E$

JD	E	B–R
243 1670	–44	–4
7788	– 1	–5
7935	0	0
8640	+ 5	–6

Die Maxima sind, ausgenommen jenes bei E = 0, nur durch je eine Beobachtung belegt. Rote Farbe.

3605. S 9412 Aql Mira-Stern; $15^{\mathrm{m}}.6$ – [$17^{\mathrm{m}}.5$

Max. = 242 5465 + $175^{\mathrm{d}}.8 \cdot E$

JD	E	B–R	JD	E	B–R
242 5465	0	0	243 6369	62	+ 4
5814	2	– 3	7948	71	+ 1
6153	4	–15	8305	73	+ 7
6514	6	– 6	8640	75	–10
243 1640	35	+22	9350	79	– 3
6020	60	+ 7			

Das Maximum bei E = 71 ist gut durchbeobachtet. Bei den sonstigen Maxima handelt es sich hauptsächlich um einzelne Beobachtungen. Rote Farbe.

3606. S 9413 Aql Mira-Stern; $13^{\mathrm{m}}.8$ – [17^{m}

Max. = 243 8286 + $302^{\mathrm{d}} \cdot E$

JD	E	B–R	JD	E	B–R
242 5889	–41	–15	243 6470	–6	– 4
6230	40	+24	6754	–5	–22
6534	39	+26	8286	0	0
6827	–38	+17			

Die Elemente sind unsicher, da sie aus Einzelbeobachtungen, gefunden auf Platten des 17-cm-Astrographen, abgeleitet wurden. Nur bei der Ausgangsepoche wird die maximale Grenzhelligkeit, belegt durch 4 Aufnahmen des 40-cm-Astrographen, erreicht. Der Stern ist rot und besteht anscheinend aus zwei dicht beieinander liegenden Komponenten.

3607. S 9414 Aql Bedeckungsstern; $15^{m}.9$ - $17^{m}.2$:

$$\text{Min.} = 243\ 1650.462 + 1^{d}.80375 \cdot E$$

JD	E	B-R	JD	E	B-R
243 1650.462	0	0.000	243 7911.339	3471	+0.061
7543.359	3267	+0.046	7956.340	3496	-0.032
7559.490	3276	-0.057	8268.422	3669	+0.001
7579.406	3287	+0.018	8288.324	3680	+0.062
7588.379	3292	-0.028	8674.296	3894	+0.032
7788.564	3403	-0.059			

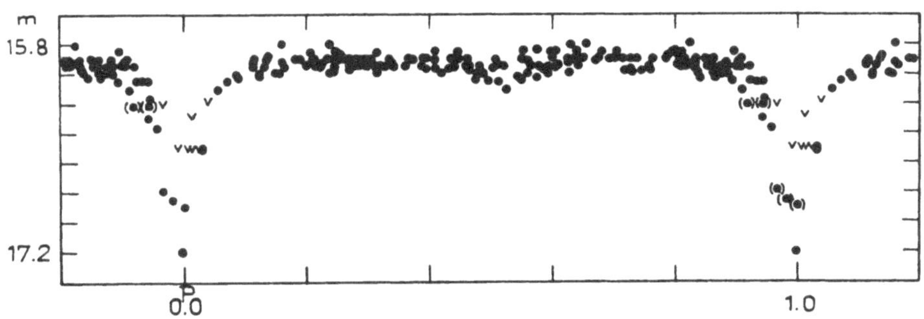

3608. S 9415 Aql RR-Lyrae-Stern; $15^{m}.3$ -[$16^{m}.0$

Sehr wahrscheinlich ist bei diesem Stern eine Periode nahe 0.5013/n gültig. Zu folgenden Zeiten wurde er im hellen Licht beobachtet: 243 1370.292, 1371.304, 1374.280, 1670.431, 7820.544, 7821.535, 7932.310, 7933.355, 7934.306, 7936.300, 7939.335, 7940.325, 7956.340, 7964.350, 8640.373, 8675.308, 8937.461.

3609. S 9416 Aql Bedeckungsstern; $13^{m}.5$ - $14^{m}.0$

Folgende Schwächungen wurden festgestellt: 242 5420.493, 5792.450, 5884.295, 9460.433, 243 7586.323, 7820.544, 7855.442, 7875.431, 7877.415, 7934.306, 9385.334. - Den mit diesen Werten gefundenen Perioden widersprechen Beobachtungen im hellen Licht.

3610. S 9417 Aql Mira-Stern; $14\overset{m}{.}8$ – [$17\overset{m}{.}5$

Max. = 243 7965 + 360^{d}·E

Die Elemente sind unsicher, da nur ein sicheres Maximum gefunden wurde.

243 7585	anscheinend Aufstiegsbeginn
7965	sicheres Maximum
8675	zwei Beobachtungen im Aufstieg.

3611. S 9418 Aql RR-Lyrae-Stern; $14\overset{m}{.}8$ – $16\overset{m}{.}0$

Max. = 243 1652.467 + $0\overset{d}{.}356005$·E

M – m = $0\overset{d}{.}07$ Typus RRab

JD	E	B–R	JD	E	B–R
243 1326.401	– 916	+0.035	243 7871.499	+17469	–0.019
1647.457	14	–0.026	7874.386	17477	+0.020
1651.460	– 3	+0.061	7875.431	17480	–0.003
1652.467	0	0.000	7877.550	17486	–0.020
7543.336	+16547	+0.054	7886.439	17511	–0.031
7544.337	16550	–0.013	7907.450	17570	–0.025
7545.404	16553	–0.014	7911.382	17581	–0.009
7575.298	16637	–0.024	7932.373	17640	–0.022
7586.323	16668	–0.035	7933.443	17643	–0.020
7587.393	16671	–0.033	7936.306	17651	–0.005
7788.564	17236	–0.005	7941.278	17665	–0.017
7824.485	17337	–0.041	7956.277	17707	+0.030
7838.429	17376	+0.019	8287.325	18637	–0.007
7854.421	17421	–0.009	8587.504	19480	+0.060
7869.411	17463	+0.029	9351.472	+21626	+0.041

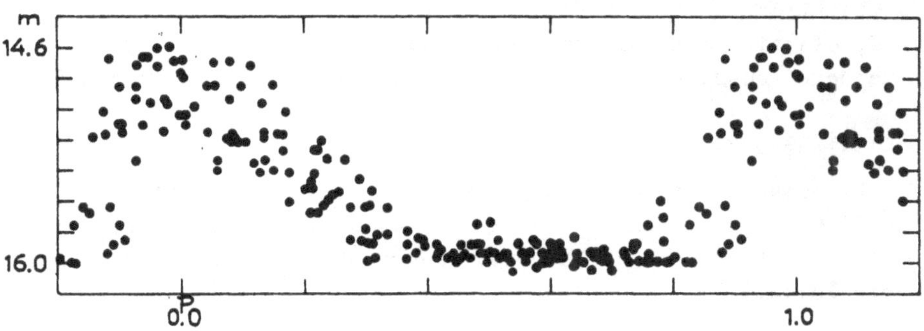

3612. S 9419 Aql Unregelmässig; $15\overset{m}{.}8$ – [$16\overset{m}{.}5$

Es treten bei diesem rötlichen Stern oft rasche (etwa $0\overset{m}{.}3$ in $0\overset{d}{.}05$), sprunghafte Helligkeitsänderungen auf. Ein über längere Zeit andauerndes Ruhelicht wurde nicht beobachtet.

3613. S 9420 Aql Unregelmäßig; $14^{m}.7$ - $15^{m}.8$

Der Lichtwechsel ist verhältnismäßig unruhig und regellos. Die Maximalhelligkeit wird 243 8640 erreicht, während die sonstigen Höchstwerte bei etwa 15^{m} liegen. Rote Farbe.

3614. S 9421 Aql Unregelmäßig; $15^{m}.4$ - $15^{m}.9$

Die Amplitude des Sterns ist sehr klein. Die Helligkeit schwankt wenig um $15^{m}.6$ und erreicht selten die angegebenen Grenzwerte. Rötlich gefärbt.

3615. S 9422 Aql Langsam veränderlich; $15^{m}.9$ -[$17^{m}.5$

Durch die Schwäche des Sterns bedingt, konnte ein großer Teil des Plattenmaterials nicht ausgewertet werden. Es läßt sich dennoch nachweisen, daß die Helligkeitsänderung langsam erfolgt. In seinem maximalen Licht bleibt er von 243 7932 bis 7964 konstant.

3616. S 9423 Aql Bedeckungsstern; $16^{m}.0$ -[$17^{m}.0$

Die Art der Veränderlichkeit wurde wegen der geringen Helligkeit des Sterns nicht klar erkannt. Bedeckungslichtwechsel mit einer Periode nahe $1^{d}/n$ ist möglich.

3617. S 9424 Aql Langsam veränderlich; $14^{m}.2$ - $14^{m}.8$

Der Lichtwechsel dieses rötlichen Sterns weist lange Wellen auf, die sich manchmal fast zu Stillständen abflachen. Einige raschere Änderungen geringer Amplitude sind ebenfalls vorhanden.

3618. S 9425 Aql Unregelmäßig; $15^{m}.1$ - $16^{m}.0$

Die Lichtkurve zeigt langsame Auf- und Abstiege von etwa $0^{m}.5$ Amplitude. Stillstände sind nur selten angedeutet. Im Zeitraum zwischen 243 8270 und 8290 wird die größte Helligkeit erreicht. Rote Farbe.

3619. S 9426 Aql Mira-Stern; $14^{m}.0$ -[18^{m}

Max. = 243 8270 + 320^{d}.E

JD	E	B-R
243 7960	-1	+10
8268	0	- 2
8584	+1	- 6
8941	2	+31
9205	+3	-25

Der Stern ist etwas randnah und deshalb auf den Platten des 170-mm-Triplets nicht vorhanden. Die Elemente bedürfen der Prüfung, da sie in der Hauptsache nur mit Hilfe von Einzelbeobachtungen abgeleitet wurden.

3620. S 9427 Aql RR-Lyrae-Stern; $14^{m}.7 - 15^{m}.8$

Max. = 243 1371.304 + $0^{d}.699931 \cdot E$

M - m = $0^{d}.10$ Typus RRab

JD	E	B-R	JD	E	B-R
242 9460.433	-2730	-0.059	243 7885.564	+ 9307	+0.002
243 1371.304	0	0.000	7897.431	9324	-0.030
7545.378	+8821	-0.017	7904.456	9334	-0.004
7559.395	8841	+0.001	7911.465	9344	+0.006
7578.382	8868	+0.090	7932.416	9374	-0.041
7587.372	8881	-0.019	7935.293	9378	+0.036
7869.455	9284	-0.008	7939.419	9384	-0.037
7871.568	9287	+0.005	7956.277	9408	+0.022
7874.386	9291	+0.023	8268.422	9854	-0.002
7878.550	9297	-0.012	9205.643	11193	+0.011
7883.460	+9304	-0.002	9348.437	+11397	+0.019

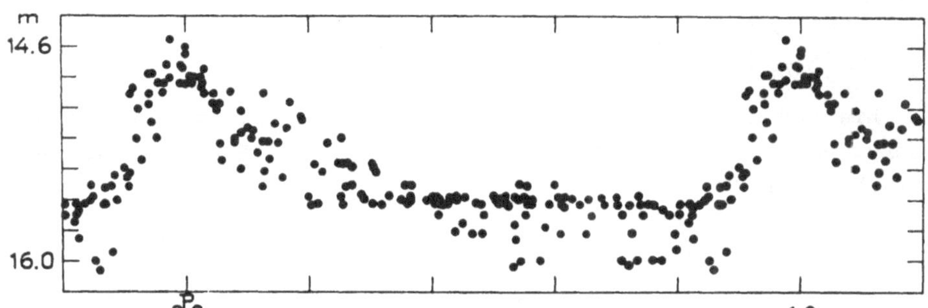

3621. S 9428 Aql Mira-Stern; $15^{m}.7 - [18^{m}$

Max. = 243 7570 + $271^{d}.5 \cdot E$

Beobachtet sind zwei Maxima bei 243 7570 und 7845. Einige helle Einzelbeobachtungen bei 243 1326, 8640 und 8940 widersprechen nicht diesen Elementen.

3622. S 9429 Aql Mira-Stern; $15^{m}.0$ – [$16^{m}.5$

Max. = 243 7945 + $244^{d}.5$·E

JD	E	B–R	JD	E	B–R
242 6484:	–47	+31	243 7945	0	0
6946	45	+ 4	8680	+3	+ 2
243 1326	27	–17	8940	4	+17
6480	6	+ 2	9660	+7	+ 4
7190	– 3	–21			

Die Periode wurde auf Grund von Einzelbeobachtungen abgeleitet. Nur das Maximum der Ausgangsepoche ist gut durchbeobachtet. Auf dem Palomar Atlas ist erkennbar, daß der Veränderliche aus zwei nahe beieinander liegenden Komponenten besteht. Rote Farbe.

3623. S 9430 Aql Mira-Stern; $15^{m}.4$ –[17^{m}

Max. = 243 7870 + $272^{d}.5$·E

Bei den Epochenzahlen –44, –43, –25, –24, –1, +3 und +4 sind helle Einzelbeobachtungen, die für die Richtigkeit der Elemente bürgen.

3624. S 9431 Aql Mira-Stern; $15^{m}.6$ –[$17^{m}.5$

Max. = 243 7580 + $229^{d}.5$·E

JD	E	B–R	JD	E	B–R
243 1380	–27	– 4	243 8270	+3	+ 1
7580	0	0	8940	6	–17
7840	+ 1	+30	9640	+9	– 6

Die Elemente sind wegen der geringen Helligkeit unsicher. Die angegebenen Julianischen Daten entsprechen gesicherten Einzelbeobachtungen. Rote Farbe.

3625. S 9432 Aql Mira-Stern; $16^{m}.8$ –[18^{m}

Max. = 243 1650 + 405^{d}·E

JD	E	B–R
243 1650	0	0
8940	18	0
9350	19	+5

Die Maxima sind durch wenige Beobachtungen belegt. Die Periode kann nicht halbiert werden, da der Stern bei 243 7930 unsichtbar ([18^{m}) ist. Rote Farbe.

3626. S 9433 Aql Algol-Stern; $13^{m}.3 - 13^{m}.9$

Min. = 242 5809.517 + $0^{d}.703048 \cdot E$

D = $0^{d}.15$ d = $0^{d}.0$

JD	E	B-R	JD	E	B-R
242 5809.517	0	0.000	243 7898.421	17195	-0.006
9460.433	5193	-0.012	7908.338	17209	+0.068
243 1371.304	7911	-0.026	7910.386	17212	+0.007
1650.462	8308	+0.022	7934.306	17246	+0.023
7543.386	16690	-0.002	7936.327	17249	-0.065
7579.292	16741	+0.048	7941.327	17256	+0.014
7586.281	16751	+0.007	7960.297	17283	+0.001
7588.379	16754	-0.004	8675.308	18300	+0.013
7841.508	17114	+0.028	8937.461	18673	-0.071
7872.443	17158	+0.028	9349.479	19259	-0.039
7881.536	17171	-0.018	9638.473	19670	+0.002

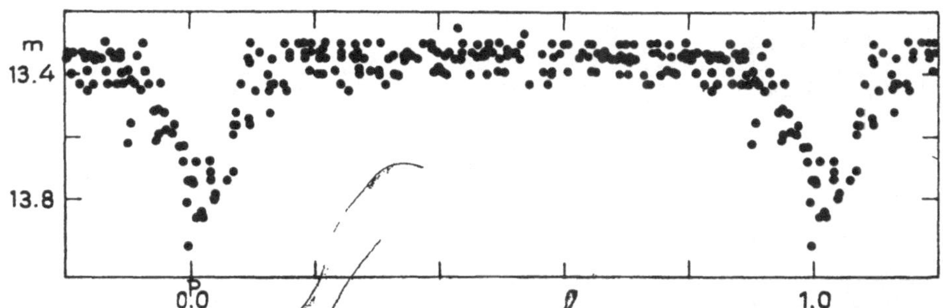

3627. S 9434 Aql Algol-Stern; $15^{m}.5 - 16^{m}.6$

Min. 243 1650.462 + $3^{d}.14546 \cdot E$

D = $0^{d}.30$ d = $0^{d}.0$

JD	E	B-R	JD	E	B-R
243 1650.462	0	0.000	243 8268.422	2104	-0.088
7815.536	1960	-0.028	8284.327	2109	+0.090
7878.461	1980	-0.012	8287.325	2110	-0.058
7897.357	1986	+0.011	8674.296	2233	+0.022
7960.276	2006	+0.021			

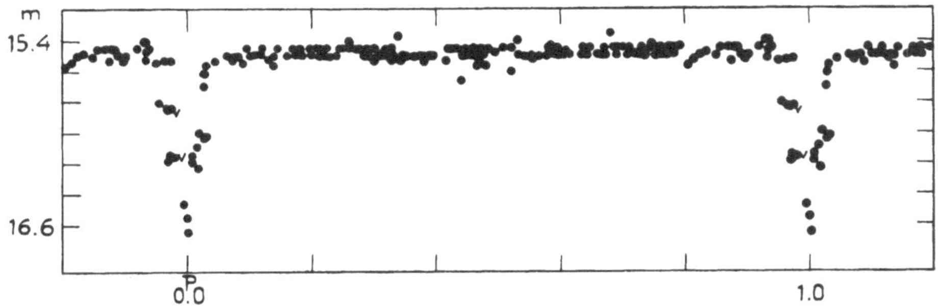

3628. S 9435 Aql Mira-Stern; $15^m.4 - 18^m$

Max. = 242 9462 + 224^d·E

JD	E	B-R
242 9460	0	− 2
243 1030	7	0
7530	36	+ 4
7770	37	+20
7960	38	−14
8620	41	−26

3629. S 9436 Aql RR-Lyrae-Stern; $15^m.4 - 16^m.2$

Max. = 243 1647.492 + $0^d.509020$·E

M − m = $0^d.08$ Typus RRab

JD	E	B-R	JD	E	B-R
243 1647.457	0	−0.035	243 7910.471	12304	−0.003
1670.431	45	+0.033	7932.373	12347	+0.011
7559.305	11614	+0.055	7933.372	12349	−0.008
7587.266	11669	+0.020	7956.277	12394	−0.009
7588.337	11671	+0.073	7960.349	12402	−0.009
7824.446	12135	−0.004	8587.504	13634	+0.033
7854.506	12194	+0.024	8591.519	13642	−0.024
7883.500	12251	+0.004	8640.373	13738	−0.036
7885.540	12255	+0.008	9348.437	15129	−0.019
7908.437	12300	−0.001	9349.479	15131	+0.005

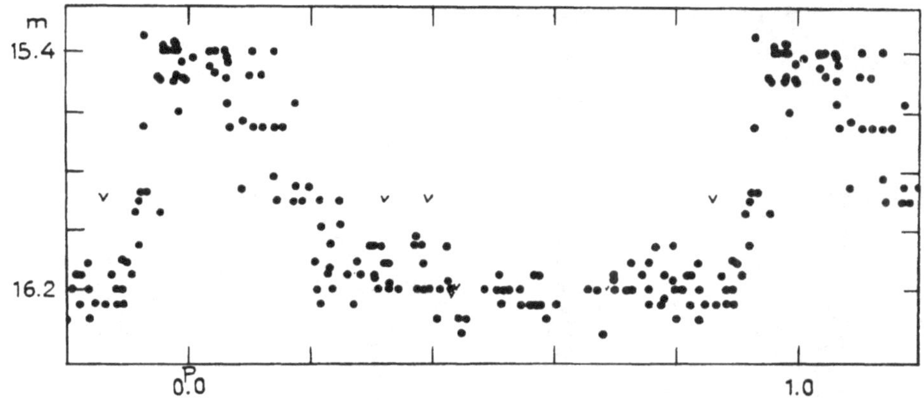

3630. S 9437 Aql Langperiodisch; $15^m.3 - 17^m$

Max. = 243 7845 + 170^d.E

	JD	E	B–R	
243	1028	-40	-17	Einzelbeob.
	1375	38	-10	"
	7505	- 2	0	Abstieg beobachtet
	7845	0	0	
	8695	+ 5	0	Aufstieg beobachtet
	9205	8	0	Einzelbeob.
	9360	+ 9	-15	"

Rote Farbe.

3631. S 9438 Aql Unregelmäßig; $14^m.9 - 15^m.5$

Die Helligkeitsänderungen dieses rötlichen Sterns sind regellos. Einige Kurvenstücke lassen Wellen von 50 bis 60 Tagen Dauer erkennen.

3632. S 9439 Aql Mira-Stern; $15^m.9$ –[18^m

Max. = 243 7845 + 470^d.E

	JD	E	B–R	
243	7845	0	0	im Maximum von 820...870
	8320	1	+ 5	nur Aufstieg beobachtet
	9700	4	-25	Einzelbeobachtungen

Das Beobachtungsergebnis ist etwas dürftig, doch scheint die Periode genähert richtig zu sein.

3633. S 9440 Aql RR-Lyrae-Stern; $15^{m}.7$ - $16^{m}.5$

Max. = 243 7543.330 + $0^{d}.577265 \cdot E$

M - m = $0^{d}.10$ Typus RRab

JD	E	B-R	JD	E	B-R
243 7543.359	0	+0.029	243 7898.421	615	+0.073
7547.369	7	-0.002	7903.500	624	-0.043
7559.490	28	-0.003	7932.416	674	+0.009
7577.345	59	-0.044	7935.293	679	0.000
7584.300	71	-0.016	7939.335	686	+0.001
7588.358	78	+0.001	7961.274	724	+0.004
7821.535	482	-0.037	8268.422	1256	+0.047
7824.465	487	+0.007	8290.322	1294	+0.011
7854.440	539	-0.036	9348.437	3127	-0.001
7869.470	565	-0.015	9651.491	3652	-0.011
7877.538	579	-0.028			

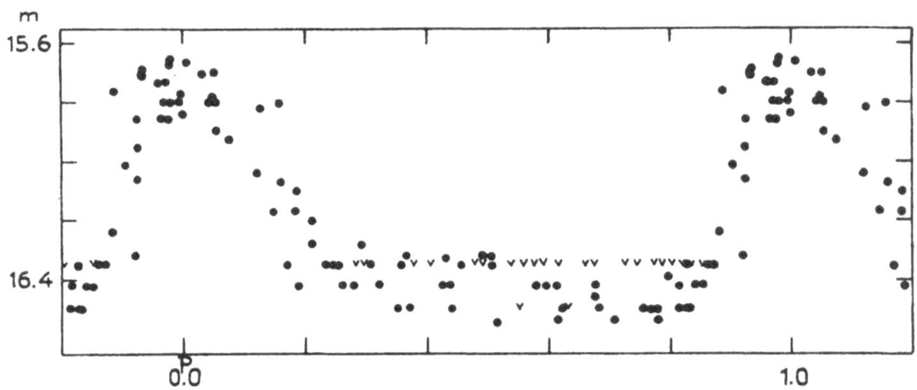

3634. S 9441 Aql Unregelmäßig; $15^{m}.4$ - $16^{m}.5$

Zeitweise treten Wellen auf von etwa einer halben Größenklasse Amplitude und 50^{d} Dauer. Von 243 7540 ... 7600 wurde ein Stillstand im schwachen Licht beobachtet. Der Stern ist nicht merklich gefärbt.

3635. S 9442 Aql Algol-Stern; $15^{m}.7$ -[17^{m}

Min. = 243 1652.35 + $8^{d}.9065 \cdot E$

D = $0^{d}.90$ d = $0^{d}.0$

JD	E	B-R	JD	E	B-R
243 1652.47	0	+0.12	243 7842.49	695	+0.12
7575.30	665	+0.13	7904.43	702	-0.28
7815.54	692	-0.11	7940.35	706	+0.01
7824.50	693	-0.05	8937.46	818	-0.41

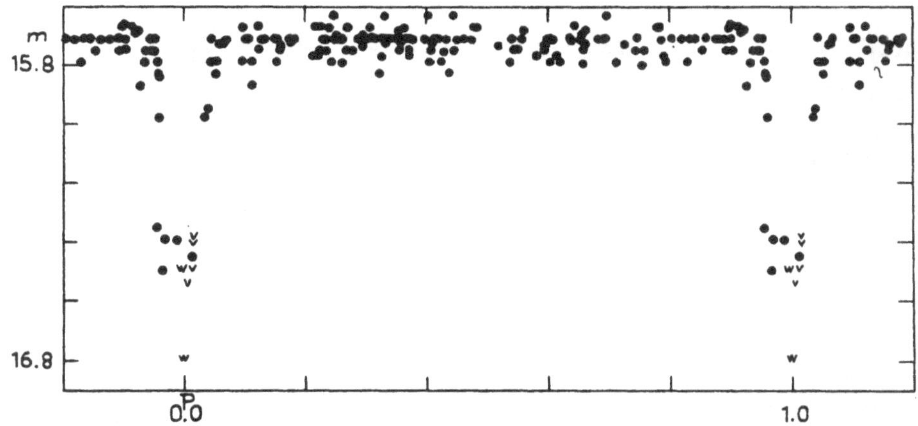

3636. S 9443 Aql RR-Lyrae-Stern; $16\overset{m}{.}0$ -[17^{m}

Den Veränderlichen genauer zu charakterisieren, ist wegen seiner Lichtschwäche nicht möglich. Er ist auf einem Teil des Plattenmaterials nicht sicher schätzbar. Zu den folgenden Zeiten erreicht er seine maximale Helligkeit: 243 7824.485, 7838.430, 7868.422, 7908.458, 9672.491.

3637. S 9444 Aql Langsam veränderlich; $15\overset{m}{.}8$ - [$16\overset{m}{.}5$.

Der Stern befindet sich auf den Platten oft einigermaßen konstant im hellen Licht, z.B. von 243 7820 ... 7870. Anschließend folgt ein etwa 40^{d} dauernder Abstieg. Rasche Helligkeitsänderungen großer Amplitude wurden nicht bemerkt. Rote Farbe.

3638. S 9445 Aql Mira-Stern; $15\overset{m}{.}6$ -[17^{m}

Max. = 243 7880 + (1060^{d}/n)•E

Da der Stern nur zweimal im Maximum beobachtet wurde (243 7880, 8940), konnten die Elemente nicht genau ermittelt werden. Als mögliche n-Werte ergeben sich 1 und 2. Mit n = 3, 4 und 5 ergeben sich Widersprüche mit schwachen Beobachtungen. Rote Farbe.

3639. S 9446 Aql Langsam veränderlich; $10^{m} - 10\overset{m}{.}4$

Der Stern ist rot. Er hat lange Stillstände nahe dem größten Licht und zu manchen Zeiten scheinen die Helligkeitsänderungen langsam und in flachen Wellen zu verlaufen, was jedoch wegen seiner großen Helligkeit nicht gut zu erkennen ist.

3640. S 9447 Aql Langsam veränderlich; $12\overset{m}{.}5 - 13\overset{m}{.}0$

Die Lichtkurve dieses Veränderlichen zeigt Stillstände im hellen und mittleren Licht, unterbrochen von Wellen mittellanger Dauer. Rote Farbe.

3641. S 9448 Aql RR-Lyrae-Stern; $15\overset{m}{.}4 - 16\overset{m}{.}0$

Max. = 243 7545.420 + $0\overset{d}{.}524025 \cdot E$

M − m = $0\overset{d}{.}05$ Typus RRab

JD	E	B−R	JD	E	B−R
242 5535.318	−22919	+0.027	243 7871.407	+ 622	+0.044
5863.352	22293	+0.021	7872.425	624	+0.013
5864.427	22291	+0.048	7874.500	628	−0.008
6160.478	21726	+0.025	7883.437	645	+0.021
6213.415	21625	+0.036	7885.522	649	+0.010
6594.360	20898	+0.015	7886.550	651	−0.010
7273.467	19602	−0.015	7904.433	685	+0.056
243 1370.292	11784	−0.017	7907.513	691	−0.008
6018.463	− 2914	+0.052	7934.306	742	+0.060
7545.420	0	0.000	7935.293	744	−0.002
7575.298	+ 57	+0.009	7936.327	746	−0.016
7576.325	59	−0.012	7956.277	784	+0.021
7577.366	61	−0.019	8284.327	1410	+0.032
7586.323	78	+0.029	8584.524	1983	−0.038
7587.351	80	+0.009	8675.308	2156	+0.090
7588.379	82	−0.011	9651.491	4019	+0.015
7788.564	464	−0.004	9672.491	4059	+0.054
7839.482	561	+0.084	9683.450	4080	+0.008
7841.520	565	+0.026	9684.501	+4082	+0.011
7842.508	+ 567	−0.034			

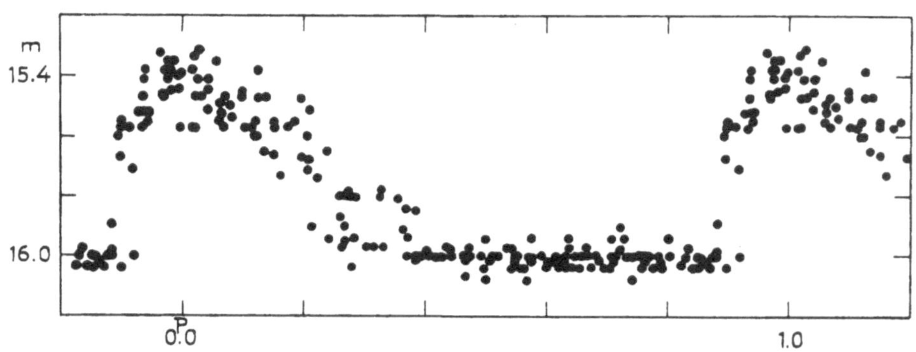

Die Beobachtungen der Epochen -22919 bis -2914 stammen von Platten des 17-cm-Triplets. Sie sind wenig genau und fanden deshalb bei der Herstellung der Lichtkurve keine Verwendung.

3642. S 9449 Aql Langsam veränderlich; $15\overset{m}{.}8 - 17^{m}$

Der Lichtwechsel scheint in regellosen Wellen von etwa 120^{d} Dauer zu verlaufen. Die Beobachtungen sind sehr sporadisch verteilt, abgesehen von einer Kurve, die ein Maximum bei 243 7890 zeigt. Rötlich gefärbt.

3643. S 9450 Aql Mira-Stern; $15\overset{m}{.}6 - [17^{m}$

Max. = 243 7915 + $193^{d}\cdot$E

JD	E	B-R
243 1350	-34	-3
7525	- 2	-4
7915	0	0
8310	+ 2	+9
8685	4	-2
9660	+ 9	+8

Rote Farbe

3644. S 9451 Aql Langperiodisch; $15\overset{m}{.}2 - 16\overset{m}{.}3$

Max. = 242 5445 + $105\overset{d}{.}1\cdot$E

JD	E	B-R	JD	E	B-R
242 5445	0	0	243 6370	104	- 5
5865	4	0	7540	115	+ 9
6095	6	+19	7845	118	- 2
6180	7	- 1	7940	119	-12
6510	10	+14	8270	122	+ 3
6610	11	+ 9	8585	125	+ 3
6900	14	-16	9205	131	- 8
7640	21	-12			

Die obigen Maxima sind in vielen Fällen Einzelbeobachtungen, deswegen auch die manchmal etwas großen B-R-Werte. P = 106^{d} könnte ebenfalls gültig sein. Farbe rötlich.

3645. S 9452 Aql Unregelmäßig; $14\overset{m}{.}9 - 15\overset{m}{.}5$

Der Lichtwechsel dieses roten Sterns ist unregelmäßig und sehr langsam. Die Amplituden der einzelnen Wellen sind meist nicht größer als $0\overset{m}{.}4$.

3646. S 9453 Aql Mira-Stern; $16\overset{m}{.}1$ –[17^m

Max. = 243 7880 + $175\overset{d}{.}5 \cdot E$

JD	E	B–R
243 1030	–39	–5
7880	0	0
8940	+ 6	+7
9635	+10	0

3647. S 9454 Aql Raschwechselnd; 16^m – $16\overset{m}{.}8$:

Zu den folgenden Zeiten war der Stern im hellen Licht: 243 7576.283, 7935.335, 7940.305, 7964.264, 8587.504, 8940.515. Auf den sonstigen Platten, wenn überhaupt wegen der Lichtschwäche des Veränderlichen beobachtbar, liegt die Helligkeit konstant im Minimum.

3648. S 9455 Aql Mira-Stern; $14\overset{m}{.}2$ –[$17\overset{m}{.}5$

Max. = 242 6605 + $307\overset{d}{.}5 \cdot E$

JD	E	B–R	JD	E	B–R
242 6605	0	0	243 8285	38	–5
6915	1	+3	8595	39	–2
243 6755	33	+3	9205	41	–7
7985	37	+3			

3649. S 9456 Aql Halbregelmäßig; $14\overset{m}{.}8$ – $15\overset{m}{.}9$

Der rötliche Veränderliche zeigt zeitweise (siehe Abbildung) kurze Wellen mit einer Periode von etwa 75^d.

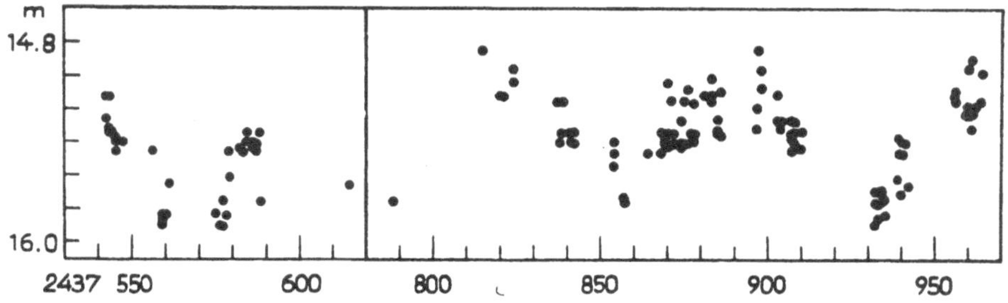

3650. S 9457 Aql Mira-Stern; $14^{m}_{\cdot}2$ – [17^{m}

Max. = 243 7590 + 208^{d}.E

JD	E	B–R
243 7590	0	0
8630	5	0
9670	10	0

3651. S 9458 Aql RR-Lyrae-Stern; $15^{m}_{\cdot}0$ – $16^{m}_{\cdot}1$

Max. = 242 9460.410 + $0^{d}_{\cdot}731706$

M – m = $0^{d}_{\cdot}12$ Typus RRab

JD	E	B–R	JD	E	B–R
242 9460.433	0	+0.023	243 7868.451	11491	+0.007
243 1029.294	2144	+0.106	7871.407	11495	+0.037
1647.457	2989	−0.022	7876.522	11502	+0.030
1650.462	2993	+0.056	7898.421	11532	−0.023
7547.369	11052	+0.144	7903.500	11539	−0.065
7560.392	11070	−0.003	7934.306	11581	+0.009
7577.282	11093	+0.057	7939.398	11588	−0.021
7579.406	11096	−0.014	7942.372	11592	+0.026
7582.349	11100	+0.002	7956.277	11611	+0.029
7588.337	11108	+0.137	7961.337	11618	−0.033
7824.527	11431	−0.014	7964.285	11622	−0.012
7838.458	11450	+0.014	8640.373	12546	−0.020
7854.506	11472	−0.035	8937.461	12952	−0.005
7857.460	11476	−0.008	9701.399	13996	+0.032

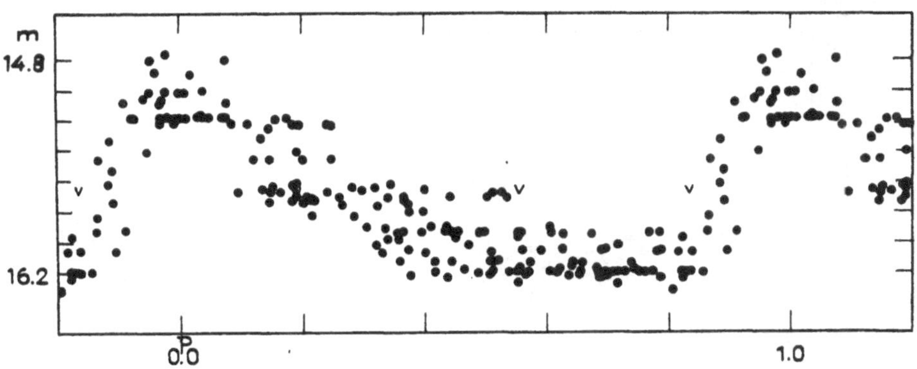

3652. S 9459 Aql — Mira-Stern; $14^{m}.3$ – [$17^{m}.5$

Max. = 242 6515 + 298^{d}·E

JD	E	B–R	
242 6515	0	0	
9460	10	–35	Einzelbeob.
243 7540	37	– 1	
7840	38	+ 1	
9635	44	+ 8	

3653. S 9460 Aql — RR-Lyrae-Stern; $15^{m}.2$ – $15^{m}.8$

Max. = 243 7560.310 + $0^{d}.60730$·E

M – m = $0^{d}.10$ Typus RRab

JD	E	B–R	JD	E	B–R
243 7560.350	0	+0.040	243 7897.357	555	–0.004
7577.282	28	–0.032	7903.470	565	+0.036
7824.506	435	+0.021	7908.338	573	+0.045
7838.458	458	+0.005	7911.339	578	+0.010
7841.520	463	+0.030	7934.412	616	+0.005
7869.439	509	+0.013	7936.286	619	+0.057
7872.455	514	–0.007	7956.277	652	+0.007
7878.540	524	+0.005	7959.295	657	–0.011
7881.536	529	–0.036	8268.422	1166	0.000
7883.437	532	+0.043	8591.519	1698	+0.014
7886.474	537	+0.044	8675.308	1836	–0.005

In 2 Fällen (7878.525 und .557) ist der Stern]$15^{m}.0$.

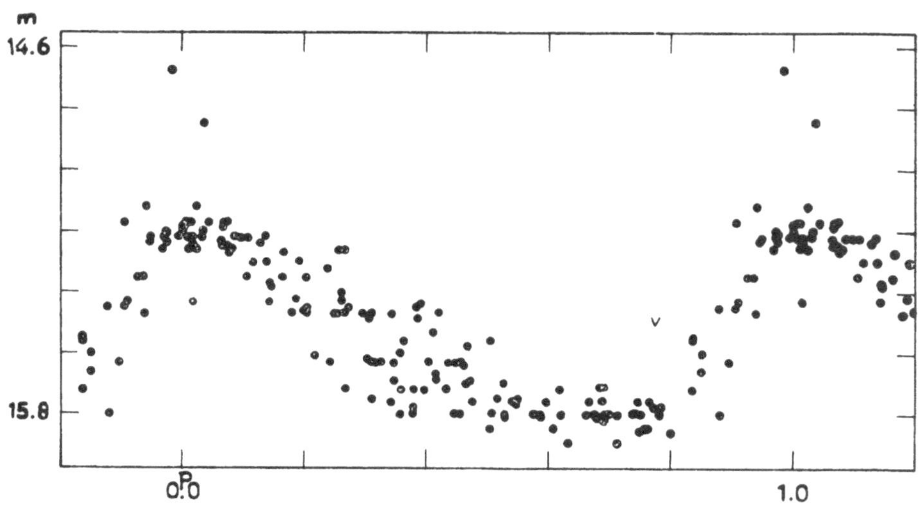

3654. S 9461 Aql Langsam veränderlich; $14^{m}_{\cdot}5$ – $15^{m}_{\cdot}2$

Der Lichtwechsel dieses rötlichen Sterns ist, wie bei der Entdeckungsanzeige bereits erwähnt, sehr gering. Die Helligkeit schwankt wenig um $14^{m}_{\cdot}5$ und erreicht selten den Minimum-Wert.

3655. S 9462 Aql RR-Lyrae-Stern; $15^{m}_{\cdot}5$ – $16^{m}_{\cdot}4$

Max. = 243 1029.295 + $0^{d}_{\cdot}426448 \cdot E$

M – m = $0^{d}_{\cdot}08$ Typus RRab

JD	E	B-R	JD	E	B-R
243 1029.295	0	0.000	243 7907.492	16129	+0.017
1371.304	802	-0.002	7910.428	16136	-0.032
1651.460	1459	-0.023	7934.350	16192	+0.009
7560.410	15315	+0.064	7940.305	16206	-0.006
7575.325	15350	+0.053	8288.324	17022	+0.031
7577.366	15355	-0.038	8591.519	17733	+0.022
7586.363	15376	-0.036	8674.296	17927	+0.068
7869.470	16040	-0.051	9205.643	19173	+0.061
7872.443	16047	-0.063	9638.473	20188	+0.046
7878.461	16061	-0.015			

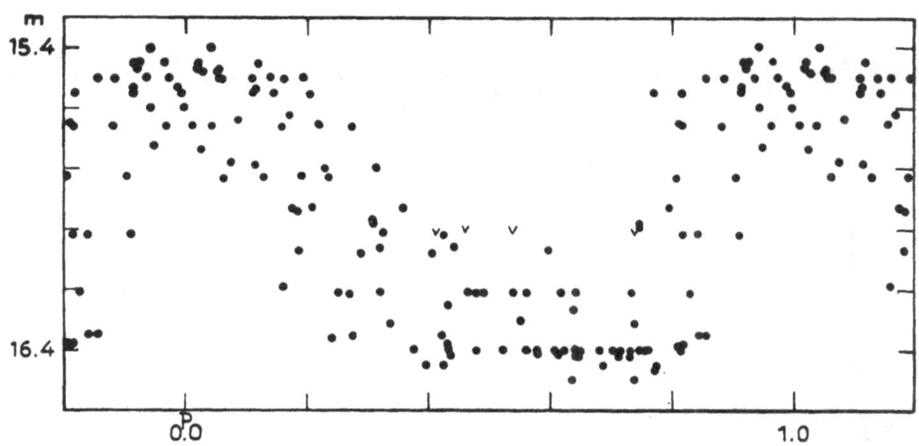

3656. S 9463 Aql Mira-Stern; $13^{m}_{\cdot}6$ – [17^{m}

Max. = 243 8675 + $315^{d}_{\cdot}5 \cdot E$

JD	E		
242 5450	-42	3	Beobachtungen wahrscheinlich im Abstieg
243 8675	0	2	" bei $13^{m}_{\cdot}6$
9650	+ 3	4	" im Abstieg

Der Stern ist auf dem vorhandenen Plattenmaterial nur selten sichtbar, und die Elemente sind deshalb unsicher. Die Zeiten der Unsichtbarkeit passen sich gut an.

3657. S 9464 Aql Langsam veränderlich; $14\overset{m}{.}5$ - $15\overset{m}{.}0$

Der Stern ändert seine Helligkeit in Form regelloser Wellen von kleiner Amplitude. Langandauernde Stillstände sind nicht vorhanden. Rote Farbe.

3658. S 9465 Aql Langsam veränderlich; $15\overset{m}{.}8$ - $16\overset{m}{.}5$

Die Helligkeitsänderungen vollziehen sich wellenartig. Die Dauer der einzelnen Wellen beträgt etwa 80^d, ihre Amplituden sind verschieden groß. Rote Farbe.

3659. S 9466 Aql Algol-Stern; $14\overset{m}{.}6$ - $15\overset{m}{.}8$

Min. = 243 7559.480 + $1\overset{d}{.}83506$·E

D = $0\overset{d}{.}30$ d = $0\overset{d}{.}0$

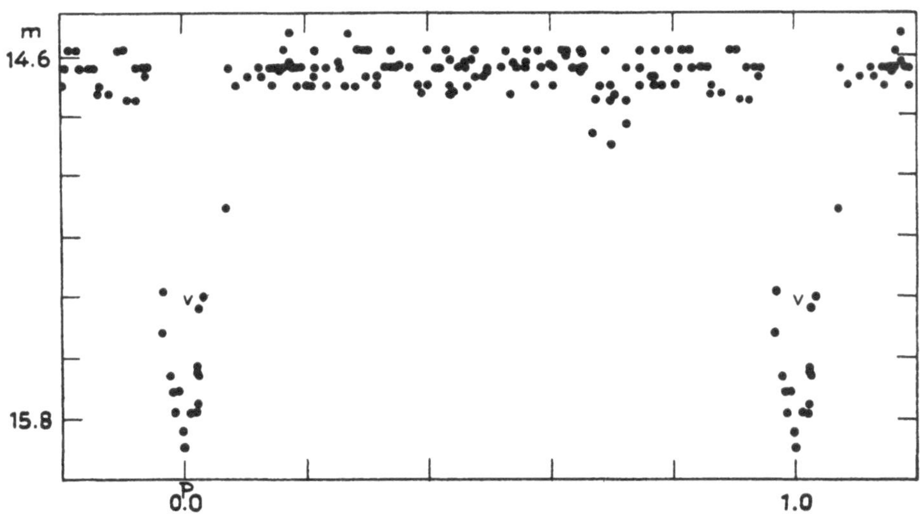

JD	E	B-R	JD	E	B-R
243 1652.467	-3219	+0.045	243 7961.317	+ 219	-0.041
7559.450	0	-0.030	8284.327	395	-0.002
7838.429	+ 152	+0.020	8640.373	589	+0.043
7871.435	170	-0.005	9651.491	1140	+0.043
7904.456	188	-0.015	9684.501	+1158	+0.022
7939.335	+ 207	-0.002			

3660. S 9931 Aql Algol-Stern; $15^m_.9$ – [$17^m_.3$

Min. = 243 1374.260 + $3^d_.2155 \cdot E$

D = $0^d_.50$ d = $0^d_.0$:

JD	E	B-R	JD	E	B-R
242 5827.415:	-1725	-0.107	243 7869.500	+2020	-0.070
6946.379:	-1377	-0.137	7885.522	2025	-0.125
243 1374.280	0	+0.020	7898.421	2029	-0.088
1647.457	+ 85	-0.120	7911.380	2033	+0.009
7583.340	1931	-0.050	7940.325	2042	+0.014
7824.520	2006	-0.033	7956.320	2047	-0.068
7837.427	+2010	+0.012	8284.327	+2149	-0.042

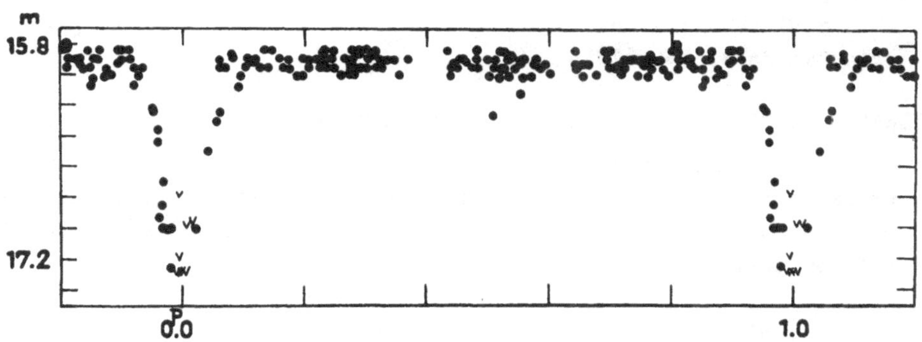

3661. S 9932 Aql Mira-Stern; $15^m_.4$ – [$17^m_.5$

Max. = 243 7565 + $357^d \cdot E$

JD		E	B-R
242 5810	E	-33	+26
6480	E	31	-18
7240:	E	-29	+28
243 7565		0	0
7920		+ 1	- 2
8285		+ 2	+ 6

E = Einzelbeobachtungen auf Platten des 17-cm-Astrographen.

3662. S 9933 Aql Mira-Stern; $14^m.8$ –[18^m

Max. = 243 7925 + 355^d.E

JD	E	B–R	JD	E	B–R
242 5520	–35	+20	243 6840	–3	–20
6220	33	+10	7190	–2	–25
6920	31	0	7925	0	0
7270	30	– 5	8650	+2	+15
7640	29	+10	9350	4	+ 5
243 6480	– 4	–25	9710:	+5	+10

Bei den negativen Epochenzahlen handelt es sich ausnahmslos um Einzelbeobachtungen von Platten des 17-cm-Astrographen, auf denen der Veränderliche die oben angegebene maximale Helligkeit in keinem Fall erreicht. Die Maxima sind demzufolge unsicher.

3663. S 9934 Aql Unregelmäßig; $11^m.5$ – $13^m.5$

Die Lichtänderungen dieses Sterns erfolgen zumeist in Form sehr unregelmäßiger Wellen, Stillstände von 100^d bis 200^d wurden ebenfalls festgestellt. Der Veränderliche ist identisch mit dem planetarischen Nebel NGC 6790.

3664. S 9935 Aql Unregelmäßig; $13^m.8$ – $14^m.5$

Die Beobachtungen deuten auf langsamen Lichtwechsel. Im Minimum ist der Stern bei 243 7600 (mit vorherigem Abstieg innerhalb 50^d) und 8590. In der Zeit von 243 7800 bis 7960 ist die Helligkeit konstant $13^m.8$. Rötliche Farbe.

3665. S 9936 Aql Bedeckungsstern; $15^m.0$ – $15^m.6$

Sehr wahrscheinlich liegt die Periode nahe bei 1^d/n. Der Veränderliche befindet sich z.B. von 243 9681.43 bis 9684.50 (Einzelaufnahmen) konstant im Minimum. Rote Farbe erkennbar auf dem Palomar Atlas.

3666. S 9937 Aql Unregelmäßig; $14^m.7$ – $15^m.2$

Der Lichtwechsel ist meist gering und unruhig. Änderungen in Form von Wellen oder länger andauernde Stillstände wurden nicht bemerkt. Rote Farbe.

3667. S 9938 Aql Unregelmäßig; 11^m.0 – 11^m.5

Die Verteilung der Helligkeiten, die sich nur geringfügig ändern, läßt langsamen und wahrscheinlich unperiodischen Lichtwechsel vermuten. Der Veränderliche ist BD +2°3961 (9^m.2), stark rote Farbe.

3668. S 9939 Aql W-Virginis-Stern? 14^m.3 – 15^m.0

Max. = 243 7588 + 32^d.05·E

M – m = 14^d:

JD	E	B–R	JD	E	B–R
243 1370	–194	0	243 8675	+34	–3
7588	0	0	8940	42	+6
7875	+ 9	–1	9350	55	–1
7910	10	+2	9670	+65	–1
7940	+ 11	0			

Eine genaue Klassifizierung des Sterns ist nicht möglich, er könnte auch den halbregelmäßigen Veränderlichen (SRd) zugeordnet werden. Schwache Rotfärbung.

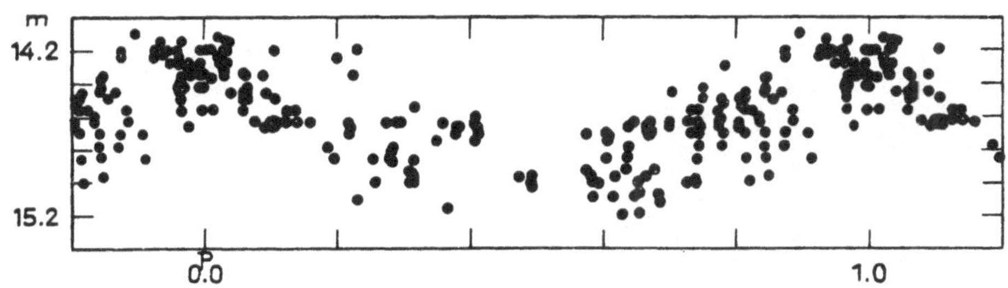

3669. S 9940 Aql Mira-Stern; 15^m.0 –[17^m

Max. = 243 7600 + 325^d·E

JD	E	B–R
243 7600	0	0
7925	1	0
8575	3	0

Die Elemente werden ferner bestätigt durch Einzelbeobachtungen bei den Epochenzahlen 2, 4 und 5. Rote Farbe.

3670. S 9941 Aql Bedeckungsstern; $15^{m}.4 - 16^{m}.5$

Min. = 243 1652.467 + $1^{d}.420572 \cdot E$

JD	E	B-R
243 1652.467	0	0.000
7556.393	4156	+0.029
7857.496	4368	-0.029
7877.443	4382	+0.030
7904.411	4401	+0.007
9205.643	5317	-0.005
9701.399	5666	-0.029

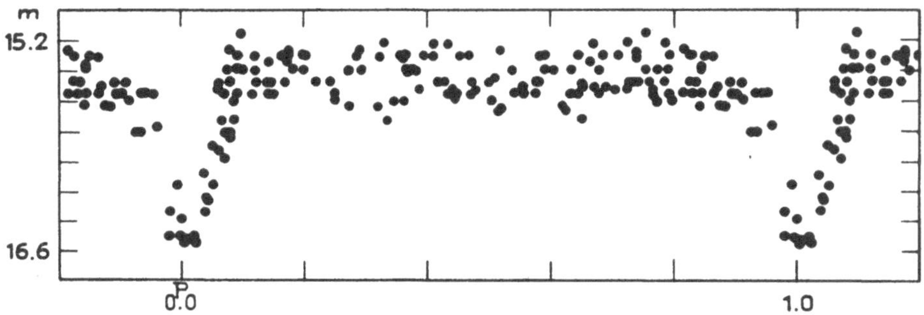

Feld ϱ Cygni

3671. S 8375 Cyg Unbekannt; $15^m.9 - 16^m.4$

Es war mit den vorliegenden Beobachtungen nicht möglich, die Art des Lichtwechsels zu bestimmen. Die Helligkeit des Sterns liegt hauptsächlich bei 16^m und erreicht nur in wenigen Fällen $16^m.4$.

Zu bemerken sei noch, daß der dem Veränderlichen zunächst stehende Stern (südlich voraus) wahrscheinlich nicht konstant ist, etwa $16^m.2$ –[$16^m.6$.

3672. S 8376 Cyg Unregelmäßig; $15^m.4 - 16^m.1$

Der rote Stern zeigt meist einen trägen Lichtwechsel von wenigen Zehnteln einer Größenklasse. Auf den Reihenaufnahmen ändert sich die Helligkeit rascher, z.B. $15^m.4$ bei 243 8204, 16^m bei 8208, von da Aufstieg um $0^m.6$ in etwa 50^d.

3673. S 8377 Cyg Unregelmäßig; $15^m.3 - 16^m.4$

Die Helligkeit dieses roten Sterns ist von 242 9080 bis 9250 fast konstant ($15^m.3$). Später verläuft der Lichtwechsel unregelmäßiger. Ein gut ausgeprägtes Minimum (Ab- und Aufstieg dauern etwa 20^d) liegt bei 243 8250.

3674. S 8378 Cyg Langsam veränderlich; $14^m.7 - 15^m.5$

In dem Beobachtungszeitraum 242 9080 ... 243 0500 liegt die Helligkeit des Sterns fast konstant im schwachen Licht. Erhellungen wurden bei 243 1030 und 1327 beobachtet. Einem etwa 20^d dauernden Abstieg bei 243 8205 folgt kurz danach ein Aufstieg mit anschließendem Stillstand von 243 8250 ... 8310. Der Stern ist schwach rot gefärbt.

3675. S 8379 Cyg Mira-Stern; $14^m.8$ –[18^m

Max. = 242 8260 + 339^d·E

JD	E	B–R	JD	E	B–R
242 8260	0	0	242 9960	5	+5
9610	4	–6	243 0625	7	–8

Ein Abstieg bei E = −1, ein Aufstieg bei E = +3 und Einzelbeobachtungen bei E = +8 und E = +9 stimmen mit den Elementen, die bis 1944 gültig sind, gut überein. Eine Beobachtung im hellen Licht bei 243 7942 und insbesondere ein sehr gut ausgeprägtes Maximum bei 243 8260 (E = +29.5) lassen vermuten, daß in dem Zeitraum 1945 ... 1962, von dem nur wenige und unsichere Beobachtungen vorliegen, ein Epochensprung stattfand und zwar anscheinend schon vor August 1950, da sich der Veränderliche wahrscheinlich bei 243 3508 (E = +15.5) im Maximum befindet. Diese Annahme ist nicht gesichert, da die Bildqualität dieser Aufnahme nur mäßig ist.

3676. S 8380 Cyg β-Lyrae-Stern; $15^{m}.1 - 15^{m}.8$

$$\text{Min.} = 242\ 7978.445 + 0^{d}.704937 \cdot E$$

$$A_2 = 0^{m}.15$$

JD	E	B−R	JD	E	B−R
242 7978.454	0	+0.009	242 9579.342	2271	−0.015
8836.343	1217	−0.010	243 0164.465	3101	+0.010
8865.249	1258	−0.007	0375.262	3400	+0.031
9103.510	1596	−0.014	0613.466	3738	−0.033
9108.432	1603	−0.027	0787.653	3985	+0.034
9163.418	1681	−0.026	0847.520	4070	−0.019
9168.409	1688	+0.030	8208.502	14512	+0.011
9497.565	2155	−0.019	8239.507	14556	−0.001
9570.238	2258	+0.045	8285.325	14621	−0.004

Nur die Minima der 40-cm-Astrographen sind in der Lichtkurve enthalten.

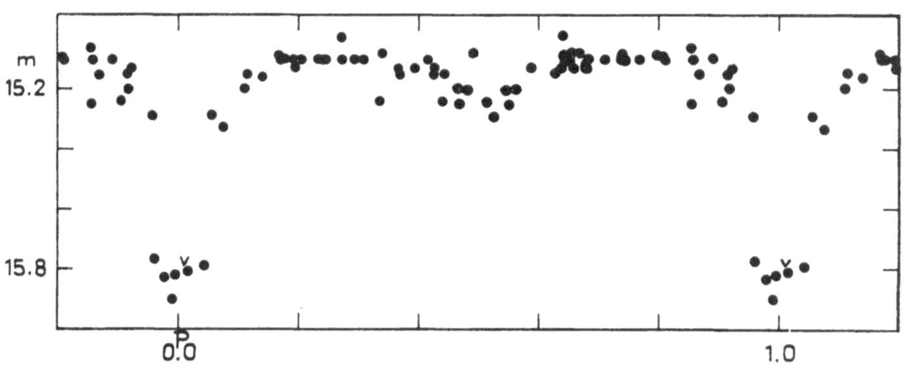

3677. S 8381 Cyg Langperiodisch; $16^m_.4$ –[$17^m_.5$

Max. = 242 9130 + 136^d·E

JD	E	B–R
242 9130	0	0
9255:	1	–11
9540	3	+ 2
243 8255	67	+13

Einzelbeobachtungen im hellen Licht bei 243 0378, 1030 und 1327 passen gut zu den Elementen. Ob die Beobachtungslücke richtig überbrückt wurde, ist nicht gewiß.

3678. S 8382 Cyg Bedeckungsstern; $13^m_.8$ – $14^m_.2$

Min. = 242 7960.490 + $1^d_.548602$·E

JD	E	B–R	JD	E	B–R
242 7960.451	0	–0.039	243 1076.277	2012	0.000
8310.419	226	–0.055	2804.535	3128	+0.018
8344.467	248	–0.076	3210.306	3390	+0.055
9109.525	742	–0.028	6846.431	5738	+0.063
9165.332	778	+0.030	7286.266	6022	+0.095
9168.409	780	+0.009	8204.478	6615	–0.014
9456.473	966	+0.034	8235.520	6635	+0.056
9493.537	990	–0.069	8238.552	6637	–0.009
9639.257	1084	+0.082	8255.543	6648	–0.053
243 0661.264	1744	+0.012	8286.558	6668	–0.010
0873.460	1881	+0.050	8311.361	6684	+0.015

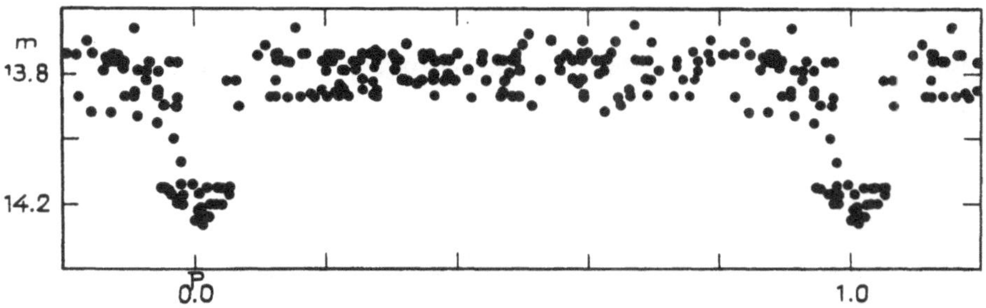

3679. 8383 Cyg Unregelmäßig; $15^m_.1$ – $15^m_.7$

In unregelmäßigen, meist flachen Wellen schwankt die Helligkeit dieses roten Sterns. Von 242 9110 bis 9230 wurde ein Stillstand beobachtet.

3680. S 8384 Cyg Mira-Stern; $15\overset{m}{.}8$ –[$17\overset{m}{.}5$

Max. = 242 9080 + 265^{d}·E

Die Bestimmung der genäherten Elemente geschah mit Hilfe von Einzelbeobachtungen außerhalb der berechneten Maxima, die etwa bei 242 9080, 9600, 243 0160 sowie bei E = 5 liegen. Eine Durchsicht der Platten des 17-cm-Triplets zeigte wegen der Schwäche des Sterns kein brauchbares Resultat.

3681. S 8385 Cyg Langsam veränderlich; $16\overset{m}{.}6$ –[$17\overset{m}{.}5$

Der Veränderliche war wegen seiner Lichtschwäche nur auf den Platten des alten 40-cm-Astrographen schätzbar (40 Aufnahmen der Jahre 1938 ... 1944). Am Anfang dieser Beobachtungen könnte man eine Periode von etwa 80 Tagen vermuten, rasche Helligkeitsänderungen wurden nicht festgestellt. Farbe rötlich. Genauere Aussagen läßt das Plattenmaterial nicht zu.

3682. S 8386 Cyg Bedeckungsstern; $15\overset{m}{.}7$ – 18^{m}:

Min. = 243 8257.49 + (5^{d}/n)·E

Nur auf den Reihenplatten wurden drei Schwächungen gefunden: 243 8257.49, 8262.43, 8272.54. Die hellen Beobachtungen widersprechen nicht einer Periode, welche durch n = 1, 2 oder 3 erreicht würde.

3683. S 8387 Cyg RR-Lyrae-Stern; $16\overset{m}{.}2$ – $17\overset{m}{.}6$

Max. = 242 9102.430 + $0\overset{d}{.}6150112$·E

JD	E	B–R
242 9102.443	0	+0.013
9161.455	55	–0.016
243 0445.623	1252	+0.007
1003.408	1772	–0.024
8257.488	8534	–0.011
8286.451	8561	+0.047

Wegen der Lichtschwäche des Sterns waren die Beobachtungen in vielen Fällen unsicher. Die ermittelten Elemente müssen deshalb nochmals auf geeignetem Plattenmaterial hinsichtlich ihrer Richtigkeit überprüft werden.

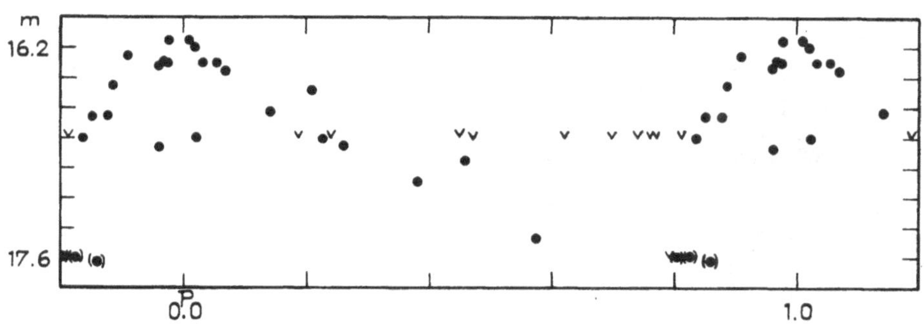

3684. S 8388 Cyg Kurzperiodisch; $15^m_.3 - 15^m_.9$

Die Verteilung der Helligkeiten läßt RR-Lyrae-Lichtwechsel vermuten, wobei die Periode etwa $0^d_.5$ betragen könnte. Die größten Erhellungen wurden auf den Platten des 40-cm-Astrographen aus den Jahren 1938 ... 1944 gefunden: 242 9108.432, 9135.411, 9161.455, 9165.332, 9167.419, 9193.345, 9553.374, 243 0164.465, 0313.297, 0445.623; von 243 1327.375 bis .542 im Minimum. Auf den Reihenaufnahmen wird der Veränderliche zumeist im mittleren Licht abgebildet.

3685. S 8389 Cyg Langsam veränderlich; $16^m_.3 - 17^m_.0$

Der Lichtwechsel dieses roten Sterns vollzieht sich wahrscheinlich in mäßig langen Wellen, deren Maxima bei 242 9112, 9245, 9575, 243 8210 und 8290 liegen. Stillstände und rasche Helligkeitsänderungen wurden nicht beobachtet.

3686. S 8390 Cyg β-Lyrae-Stern; $14^m_.7 - 15^m_.1$

Min. = 242 8069.335 + $1^d_.203954 \cdot E$

$A_2 = 0^m_.10$

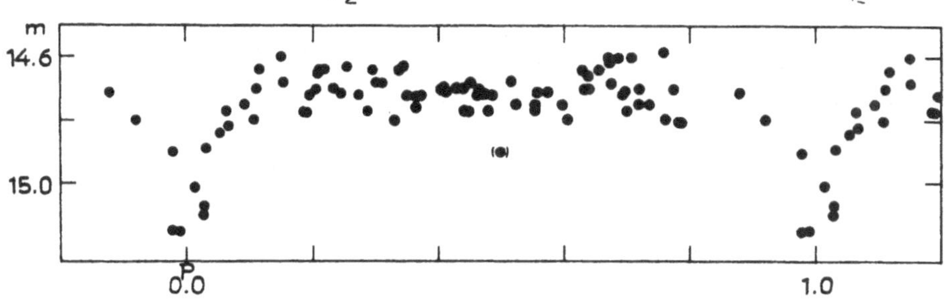

JD	E	B-R		JD	E	B-R	
242 8069.324	0	-0.011		243 0608.461	2109	-0.013	
8778.465	589	+0.001		1003.408	2437	+0.037	GA
8813.389	618	+0.010		2827.324	3952	-0.037	
9486.426	1177	+0.037	GA	8235.520	8444	-0.003	GC
9876.454	1501	-0.016		8311.361	8507	-0.011	GC

Die nicht mit GA oder GC (40-cm-Astrographen) bezeichneten Minima stammen aus Beobachtungen von Triplet-Platten und sind in der Lichtkurve nicht enthalten.

3687. S 8391 Cyg Unbekannt; $16^m.5 - 17^m.2$

Die geringe Helligkeit des Sterns verhinderte auf mehreren Platten der 40-cm-Astrographen eine genaue Schätzung. Von 1938 bis 1944 liegt die Helligkeit nahezu konstant bei etwa 17^m und 1963 bei etwa $16^m.5$, abgesehen von einigen unsicheren Schwächungen, welche sich bei 242 9108.432, 243 0164.465, 1030.418, 8235.499, 8257.522, 8311.361 befinden.

3688. S 8392 Cyg Mira-Stern; $15^m.4 - 17^m$

Ein bei 243 8260 gefundenes, ungefähr 50^d währendes Maximum wird durch Reihenaufnahmen gut dargestellt. Im übrigen wurden im hellen Licht nur 3 Einzelbeobachtungen auf Triplet-Platten bemerkt, welche bei den Elementen

$$\text{Max.} = 243\ 8260 + 440^d \cdot E$$

die folgenden B-R-Werte hätten:

JD	E	B-R
243 6075	-5	+15
6542	-4	+42
6896	-3	-44
8260	0	0

Die Elemente sind fraglich, zumal konstante Helligkeiten bei 242 9080 ... 9250 ($15^m.8$) und 9420 ... 9620 (17^m) liegen. Der Stern ist rot.

3689. S 8393 Cyg U-Geminorum-Stern; $16^m.4 - [18^m$

$$\text{Max.} = 242\ 7953.5 + 24^d.78 \cdot E$$

JD	E	B-R
242 7953.5	0	0.0
8052.4	4	-0.2
8422.4	19	-1.9
9116.5	47	-1.7
9194.4	50	+1.9 +
243 1074.2	126	-1.6
8311.4	418	-0.1

+ Zu dieser Zeit ist der Stern entweder $14^m.8$ oder es handelt sich um einen Plattenfehler.

Auf- oder Abstiege konnten in keinem Fall beobachtet werden.

3690. S 8394 Cyg Algol-Stern; $15^m.4 - 18^m$

Sichere Minima liegen bei 242 9627.227 (17^m), 243 1327.417 (18^m), 8262.431 (18^m), 8268.549 (18^m), 8311.361 ($16^m.8$). Die mit diesen Werten gefundenen Perioden ergaben keine befriedigende Lichtkurve.

3691. S 8395 Cyg Unregelmäßig; $15^m.7$ -[17^m

Die Lichtkurve zeigt zumeist langsame, teilweise in Wellen verlaufende Helligkeitsänderungen. Auf den Reihenaufnahmen konnten außerdem einige rasche Änderungen der Helligkeit beobachtet werden (in $0^d.1$ etwa $0^m.3$). Nur in wenigen Fällen erreicht der Stern $15^m.7$.

3692. S 8396 Cyg W-Virginis-Stern? $13^m.9 - 14^m.4$

Max. = 242 9456.5 + $4^d.3533 \cdot E$

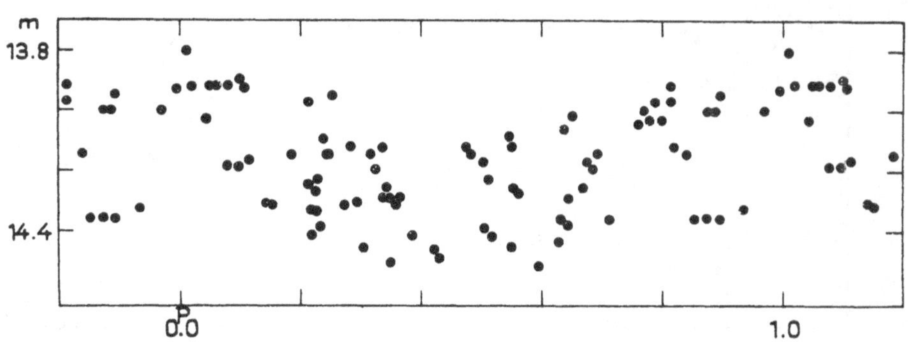

Die Elemente wurden aus folgenden oft wenig sicheren Maxima bestimmt:

JD	E	B-R	JD	E	B-R
242 9112.4	- 79	-0.2	243 1076.3	+ 372	+0.4
9456.5	0	0.0	1327.5	430	-0.9
9495.4	+ 9	-0.3	8228.4	2015	0.0
9553.4	22	+1.1	8237.5	2017	+0.4
243 0313.3	197	-0.8	8284.5	2028	-0.5
0375.3	211	+0.3	8288.5	2029	-0.8
0445.6	+227	+0.9	8311.4	+2034	+0.3

3693. S 8397 Cyg Algol-Stern; $15^{m}_{\cdot}3$ –[$17^{m}_{\cdot}3$

Min. = 242 9216.300 + $1^{d}_{\cdot}742986 \cdot E$

D = $0^{d}_{\cdot}25$ d = ?

JD	E	B-R		JD	E	B-R	
242 8069.324	-658	-0.091	A	242 9514.426	+ 171	+0.075	
8285.565	534	+0.020	A	243 0164.465	544	-0.019	
8428.444	452	-0.026	A	0321.347	634	-0.006	A
8836.343	218	+0.014	A	0661.264	829	+0.029	A
9167.419	- 28	-0.077		1074.244	1066	-0.079	A
9216.367	0	+0.067		8262.431	5190	+0.034	
9244.250	+ 16	+0.062		8288.536	+5205	-0.006	
9486.426	+155	-0.037					

Die mit A versehenen Beobachtungen wurden auf Triplet-Platten gefunden und sind in der Kurve nicht enthalten.

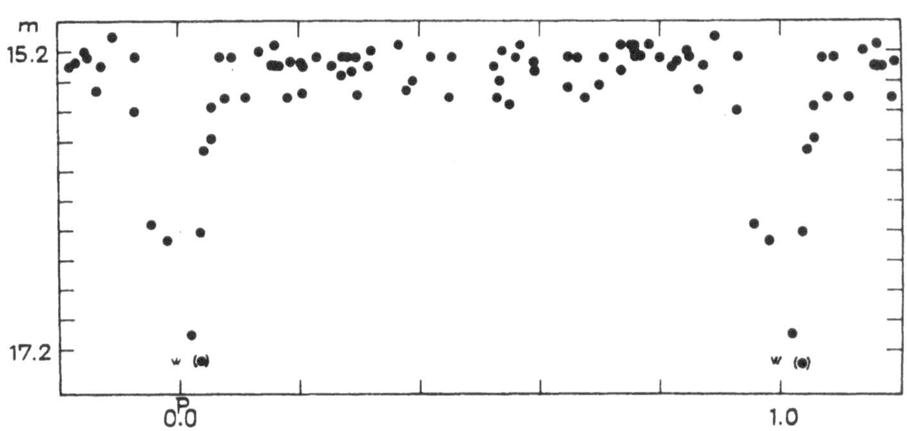

3694. S 8398 Cyg Bedeckungsstern; $16^m.3$ –[$17^m.5$

Die vier gefundenen Schwächungen, welche bei 243 0531.486, 1003.408, 8286.451 und 8311.361 liegen, reichten zur Ableitung der Elemente nicht aus.

3695. S 8399 Cyg Unregelmäßig; $15^m.5$ – $16^m.6$

Der gegenüber seinen Vergleichssternen nicht merklich gefärbte Stern ist dauernd aktiv. In unregelmäßigen Wellen verschiedener Amplitude ändert sich die Helligkeit. Ein schwacher Begleiter, südlich folgend, befindet sich in seiner unmittelbaren Nähe.

3696. S 8400 Cyg U-Geminorum-Stern; $14^m.5$ –[$17^m.5$

Der Stern war zu folgenden Zeiten sichtbar:

JD	Gr.	Gefunden auf
242 9501.6	$16^m.7$	40-cm-Astrograph
9627.2	15.4	"
9876.4	14.5	17-cm-Astrograph
9878.4	16.5	"
243 4270.5		Palomar-Atlas
8257.5	16.2	40-cm-Astrograph

Eine Periode von $31^d.4$ oder $41^d.9$ ist nicht möglich, da einige mit diesen Perioden errechnete Maxima nicht sichtbar sind, obgleich entsprechende Platten vorliegen. Bei Verwendung der kleinsten Differenz ($125^d.6$) lassen sich die Erhellungen nicht völlig zufriedenstellend darstellen.

3697. S 8401 Cyg Unregelmäßig; $14^m.0$ – $15^m.0$

Nur auf den Platten des Jahres 1963 ändert der Stern seine Helligkeit, und zwar stets in langsamen Wellen ohne erkennbare Regelmäßigkeit. In den Jahren zuvor (ab 1938) ist er fast konstant.

3698. S 8402 Cyg Bedeckungsstern; $15^m.5$ – $16^m.2$

In zwei Fällen 242 9501.6 und 243 8257.5 wurde eine Schwächung beobachtet. Nach dem Palomar Atlas ist der Stern blau.

3699. S 8403 Cyg Algol-Stern; $16^m.4 - 17^m$

Die Reihenaufnahmen von 1963 lassen Algol-Lichtwechsel mit einer Periode nahe $5^d.0$ vermuten. Auch die Beobachtungen im hellen Licht widersprechen nicht dieser Annahme. Folgende Schwächungen wurden gefunden: 243 1003.41, 8257.49, 8262.43 und 8272.54.

3700. S 8404 Cyg Unregelmäßig; $15^m.7 - 16^m.5$

Von dem Stern (er ist etwas rot gefärbt) wurden keine raschen Helligkeitsänderungen bemerkt. Langsam und unregelmäßig verläuft sein Lichtwechsel. Ein gut definiertes Maximum fand 242 9160 statt.

3701. S 8405 Cyg Unregelmäßig; $16^m.3 - 16^m.7$

Die Helligkeiten streuen nur wenig um $16^m.5$. Es treten geringe Aufhellungen und Schwächungen auf, doch sind beide selten. Beeinträchtigt wird die Beobachtung durch die Schwäche des Sterns.

3702. S 8406 Cyg Langsam veränderlich; $15^m.6 - 16^m.0$

In den Jahren 1938 ... 1944 liegt die Helligkeit des Sterns fast konstant bei $16^m.0$. 1963 wurde ein Stillstand bei $15^m.6$ beobachtet.

3703. S 8407 Cyg Bedeckungsstern; $15^m.4 - 16^m.8$

Sichere Minima wurden bei 242 9553.374, 243 0445.623, 8237.535 und 8257.446 gefunden. Einige sehr gut passende Periodenwerte stehen in Widerspruch mit Beobachtungen, die den Stern im hellen Licht zeigen.

3704. S 8408 Cyg RR-Lyrae-Stern; $17^m.2$ –[$17^m.6$

Auf dem überwiegend größeren Teil des Beobachtungsmaterials war der Stern wegen seiner Lichtschwäche nicht schätzbar, so daß die Elemente nicht bestimmt werden konnten. RR-Lyrae-Lichtwechsel ist sehr wahrscheinlich.

3705. S 8409 Cyg Langsam veränderlich; $13^m.8 - 15^m.4$

Bei der Untersuchung dieses roten Sterns ergab sich folgendes Resultat:

17-cm-Astrograph	1935 bis 1938	konstant bei $13^m.8$	x
40-cm-Astrograph	1938 bis 1942	geringe Schwankungen um $15^m.2$	xx
40-cm-Astrograph	1944 Aug. 24	$14^m.8$ (5 Aufnahmen)	xx
40-cm-Astrograph	1963 Jun.-Sep.	$15^m.4$-$14^m.8$ (langsamer Anstieg)	xx

x = schwach orthochromatische Platten, xx = Blauplatten

3706. S 8410 Cyg Unregelmäßig; $15^m.5$ - $16^m.3$

Der Lichtwechsel ist regellos. Auf Reihenplatten wurden zeitweise geringe, rasche Helligkeitsänderungen beobachtet sowie ein langsam verlaufender Abstieg um $0^m.4$ von 243 8250 ... 8310. Der Stern ist rot.

3707. S 8411 Cyg U-Geminorum-Stern; $15^m.0$ - [$17^m.5$

Von dem Stern wurde nur eine Erhellung gefunden:

243 8283.5	$15^m.0$	243 8286.5	$16^m.3$
8284.5	15.4	8288.5	≈17.5
8285.5	15.9	8290.5	[17.5

Auf allen sonstigen Platten ist er unsichtbar.

3708. S 8412 Cyg Mira-Stern; $14^m.2$ - [18^m

Max. = 242 9270 + $343^d.5$·E

JD	E	B-R	JD	E	B-R
242 9270	0	0	243 5800	19	+3.5
9605	1	-8.5	6480	21	-3.5
243 0300	3	-0.5	8210	26	+9

3709. S 8413 Unregelmäßig; $16^m.4$ - [17^m

Auf den Reihenplatten des Jahres 1963 ändert sich die Helligkeit nur wenig um $16^m.5$. Von 1938 ... 1944 ist der Lichtwechsel lebhafter ohne Stillstände. Der Stern ist rot.

3710. S 8414 Cyg Mira-Stern; $14^m.7$ - [$17^m.5$

Max. = 242 8820 + 339^d·E

JD	E	B-R	JD	E	B-R
242 8820	0	0	242 9840	3	-3
9150	1	-9	243 0850	6	-4
9500	2	+2			

Bei den Epochenzahlen 1 und 2 erreichen die Maxima nicht die sonst übliche Grenzgröße. Die Elemente werden durch weitere Einzelbeobachtungen bestätigt, die den Epochenzahlen 4 und 5 angehören. Da die Helligkeit des Sterns bei 243 8290 $\approx 17^{m}$ und bei 8311 $15\overset{m}{.}8$ beträgt (E = 28), muß die Periode wahrscheinlich um etwa $0\overset{d}{.}5$ vergrößert werden.

3711. S 8415 Cyg Langsam veränderlich; $15\overset{m}{.}0 - 16\overset{m}{.}5$

Die Helligkeit dieses roten Sterns ändert sich meist in flachen und unperiodischen Wellen, denen gelegentlich sekundäre Schwankungen von geringer Amplitude überlagert sind. Langandauernde Stillstände wurden nicht beobachtet.

3712. S 8416 Cyg Bedeckungsstern; $13\overset{m}{.}7 - 14\overset{m}{.}0$

Infolge der kleinen Amplitude läßt sich der Charakter des Lichtwechsels nicht sicher bestimmen. Sehr wahrscheinlich handelt es sich um einen Bedeckungsstern.

3713. S 8417 Cyg Langsam veränderlich; $14\overset{m}{.}1 - 15\overset{m}{.}8$

In den Jahren 1935 ... 1950 ist der Stern auf dem Beobachtungsmaterial fast nicht veränderlich. Die Helligkeit liegt in dieser Zeit im schwachen Licht. Nur die Aufnahmen von 1963 zeigen einen von 243 8220 ... 8300 währenden Wellenberg, welcher bei 243 8250 $14\overset{m}{.}1$ erreicht.

3714. S 8418 Cyg RR-Lyrae-Stern; $14\overset{m}{.}8 - 16\overset{m}{.}2$

Max. = 242 7983.430 + $0\overset{d}{.}685168 \cdot E$

M - m = $0\overset{d}{.}10$ Typus RRab

JD	E	B-R	JD	E	B-R
242 7983.471	0	+0.041	243 3180.497	7585	+0.068
9108.432	1642	-0.044	6814.522	12889	-0.038
9134.526	1680	+0.014	6823.497	12902	+0.030
9515.447	2236	-0.019	6904.342	13020	+0.025
243 0516.451	3697	-0.045	8233.551	14960	+0.008
0873.460	4218	-0.009	8255.506	14992	+0.037
1030.418	4447	+0.046	8257.505	14995	-0.019
1076.277	4514	-0.001	8272.586	15017	-0.012

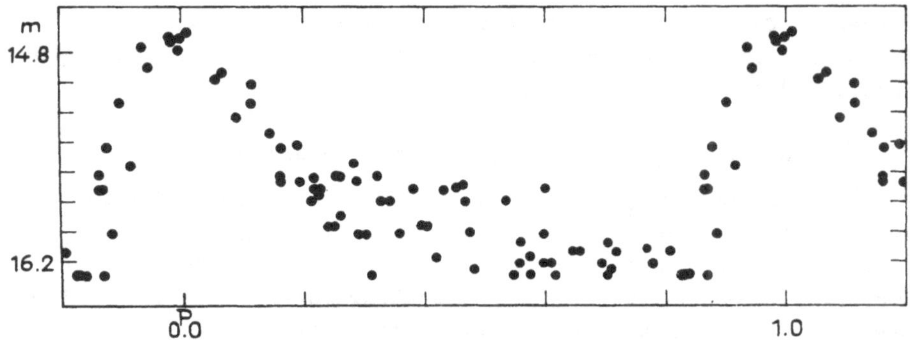

3715. S 8419 Cyg Bedeckungsstern; $15^{\mathrm{m}}.2$ - $15^{\mathrm{m}}.8$

Auf den Platten der beiden 40-cm-Astrographen wurde nur eine Schwächung gefunden: 243 8257.446, .488 und .522 (fast konstant $15^{\mathrm{m}}.8$). Eine Durchsicht der Aufnahmen des 17-cm-Triplets zeigte 4 weitere Schwächungen, die jedoch nicht mit Sicherheit als solche erkannt werden konnten. Bei Verwendung der Elemente

$$\text{Min.} = 242\ 8395.80 + 12^{\mathrm{d}}.7744 \cdot E$$

ergäbe sich folgendes Resultat:

JD	E	B-R	JD	E	B-R
242 8395.49	0	-0.31	242 9251.25	67	-0.43
8779.46	30	+0.43	243 8257.52	772	-0.12
9111.52	56	+0.35			

Die Richtigkeit der Periode ist fraglich, und eine nochmalige Untersuchung des Sterns auf geeignetem Beobachtungsmaterial ist erforderlich.

3716. S 8420 Cyg Bedeckungsstern; $15^{\mathrm{m}}.8$ - $16^{\mathrm{m}}.5$

Die folgenden 4 Schwächungen, welche bei 243 0164.465, 8226.430, 8272.541 und 8290.612 gefunden wurden, genügten nicht zur Periodenbestimmung. In einigen seltenen Fällen erreicht die Helligkeit des Sterns vermutlich $15^{\mathrm{m}}.5$.

3717. S 8421 Cyg Unveränderlich? $15^{\mathrm{m}}.5$

Die Helligkeit des Sterns schwankt auf allen Platten nur wenig um $15^{\mathrm{m}}.5$, lediglich bei 243 8257.488 wurde eine Schwächung ($16^{\mathrm{m}}.2$)

bemerkt. Es ist anzunehmen, daß der Stern konstant ist, zumal er sich auf den dieser Schwächung benachbarten Aufnahmen (8257.446 und .522) im Normallicht befindet.

3718. S 8422 Cyg Mira-Stern; $15^{m}.1$ – [$16^{m}.5$

Nur ein Maximum (243 8272 ... 8290) wurde auf den Platten der 40-cm-Astrographen gefunden. 4 weitere Erhellungen von den Platten der 17-cm-Kamera konnten nicht sicher erkannt werden wegen der geringeren Reichweite dieses Beobachtungsmaterials. Die Richtigkeit der aus diesen Beobachtungen abgeleiteten Elemente ist daher sehr fraglich.

$$\text{Max.} = 243\,8280 + 366^{d}\cdot E$$

JD	E	B–R
242 9082	–25	–48
9860	–23	– 2
243 1003	–20	+43
8280	0	0
8653	+ 1	+ 7

3719. S 8423 Cyg Mira-Stern; $14^{m}.8$ – 17^{m}

$$\text{Max.} = 242\,8425 + 108^{d}.7\cdot E$$

JD	E	B–R
242 8425	0	0
8636	2	– 6
9515	10	+ 3
243 6466	74	– 3
6820	77	+25
9081	98	+ 3

Auf den Platten der 40-cm-Astrograpnen wurde nur ein Maximum gefunden. Der Stern ist auf Triplet-Platten etwas schwierig zu schätzen. Da zumeist nur Einzelbeobachtungen für die Bestimmung der Periode zur Verfügung standen, ist diese unsicher. Farbe rötlich.

3720. S 8424 Cyg Unregelmäßig; $16^{m}.4$ – [$17^{m}.5$

Wegen der Lichtschwäche des Veränderlichen konnte der größte Teil des Beobachtungsmaterials nicht ausgewertet werden. Die Verteilung der Helligkeiten läßt langsamen und wahrscheinlich unperiodischen Lichtwechsel vermuten. Der Stern ist rot.

3721. S 8425 Lac Langsam veränderlich; $15^m_.2 - 15^m_.5$

Da der Stern außerhalb des Feldes des 17-cm-Triplets liegt, ist das Beobachtungsmaterial etwas dürftig. Außerdem erschwert die geringe Amplitude die Untersuchung. Es kann daher nur ausgesagt werden, daß sich die Helligkeit langsam und anscheinend unperiodisch ändert. Farbe rötlich.

3722. S 8426 Lac Algol-Stern; $15^m_.8 - 17^m_.2$

Min. = 242 9102.410 + $2^d_.289082 \cdot E$

D = $0^d_.23$ d = $0^d_.03$

JD	E	B–R
242 9102.443	0	+0.033
9514.426	180	−0.019
9553.374	197	+0.015
243 1327.396	972	−0.002
8288.536	4013	+0.040
8311.361	4023	−0.026

Ein evtl. vorhandenes Nebenminimum konnte nicht bemerkt werden wegen eines Nachbarsterns, der in vielen Fällen vom Veränderlichen nicht zu trennen war.

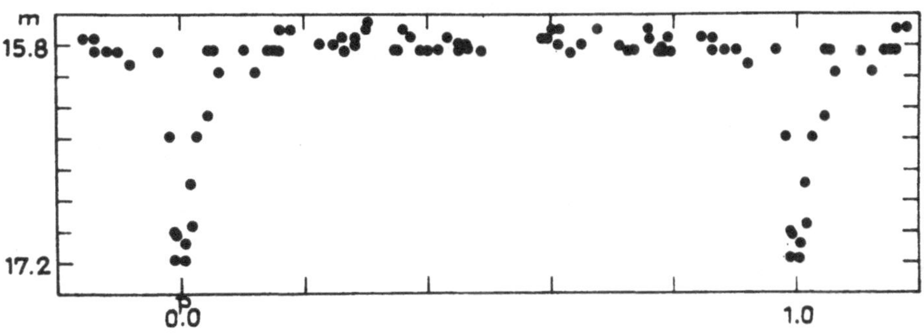

3723. S 8427 Lac Langperiodisch; $15^m_.7 - 17^m$

Max. = 242 9240 + $150^d_.5 \cdot E$

JD	E	B–R	JD	E	B–R
242 9085	− 1	−4.5	243 0445	+ 8	+1
9240	0	0	8270	+62	−1
9541	+ 2	0			

Farbe rötlich.

3724. S 8428 Lac Unregelmäßig; $16\overset{m}{.}2 - 16\overset{m}{.}8$

Randnähe und Lichtschwäche dieses roten Sterns erschwerten die Beobachtung erheblich. Sehr wahrscheinlich ist der Lichtwechsel nicht periodisch. Auf den Platten des alten Astrographen (1938 bis 1944) erreicht er nie seine maximale Helligkeit, während die Reihenaufnahmen (1963) ihn zumeist im hellen Licht zeigen.

3725. S 8429 Cyg Algol-Stern; $15\overset{m}{.}2$ – [$17\overset{m}{.}0$

Min. = 242 9102.433 + $1\overset{d}{.}829073 \cdot E$

D = $0\overset{d}{.}27$ d = $0\overset{d}{.}0$

JD	Gr.	E	B-R
242 9102.443	$16\overset{m}{.}7$	0	+0.010
9135.411	15.75:	18	+0.055
9541.409	17.0	240	-0.001
243 8238.552	15.75	4995	-0.101
8262.431	[17.0	5008	0.000
8284.443	16.4	5020	+0.064

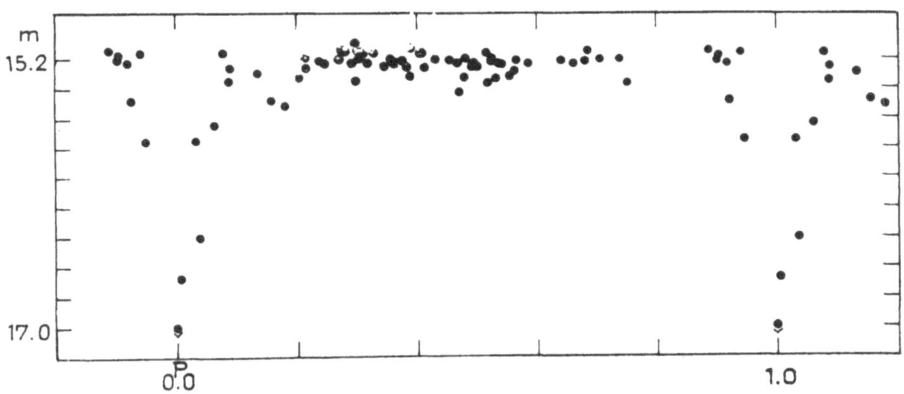

Feld ν Geminorum

3726. S 7926 Ori Bedeckungsstern; $13^{m}_{\cdot}6$ - $14^{m}_{\cdot}3$

Die folgenden Schwächungen genügten nicht zur Bestimmung der Periode: 242 9231.521, 243 0266.606, 0319.684, 0369.348, 0375.417:. Der Veränderliche war außerdem wegen seiner Randnähe etwas schwierig zu beobachten.

3727. S 7927 Ori β-Lyrae-Stern: $14^{m}_{\cdot}8$ - $15^{m}_{\cdot}8$

Min. = 242 9168.562 + $1^{d}_{\cdot}025042 \cdot E$

$A_2 = 0^{m}_{\cdot}3$

JD	E	B-R	JD	E	B-R
242 9168.578	0	+0.016	243 8406.254	9012	+0.014
9575.515	397	+0.011	8407.252	9013	-0.013
243 0319.684	1123	0.000	8410.342	9016	+0.001

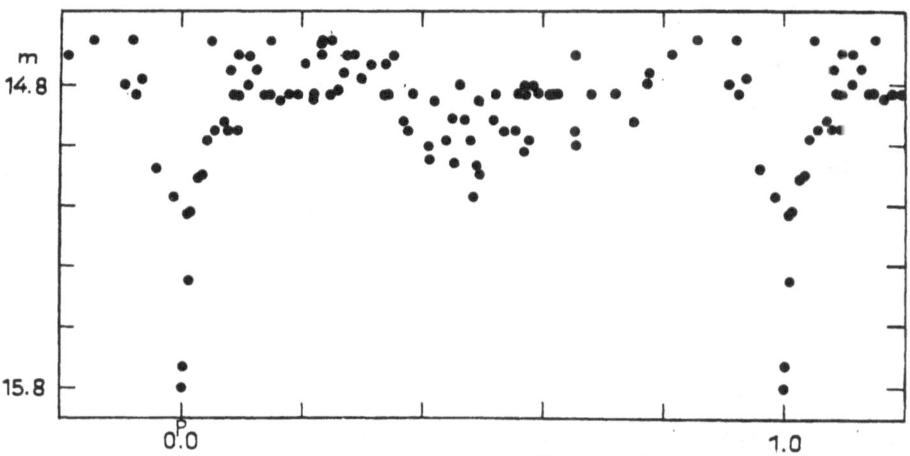

3728. S 7928 Gem Unregelmäßig; $14^{m}_{\cdot}8$ - $15^{m}_{\cdot}7$

Von dem roten Stern wurden meist flache Wellen geringer Amplitude beobachtet. Auch die Reihenaufnahmen zeigen keine raschen Helligkeitsänderungen. Die hellste Beobachtung liegt bei 243 8318, von da ab beginnt ein langsamer Abstieg bis 243 8410.

3729. S 7929 Gem β-Lyrae-Stern; $11^{m}.4 - 12^{m}.5$

Min. = 243 0319.688 + $1^{d}.068963 \cdot E$

$A_2 = 0^{m}.3$

JD	E	B-R	JD	E	B-R
243 0023.535	-277	-0.050	243 8386.615	+7546.5	-0.002
0319.684	0	-0.004	8406.400	7565	+0.007
0380.585	+ 57	-0.034	8407.462	7566	0.000
0409.470	+ 84	-0.011	8765.540	+7901	-0.025

Die folgenden, auf Überwachungsplatten gefundenen Schwächungen passen gut zu den angegebenen Elementen: 243 5887.343, 6229.458, 6607.340, 6608.388, 7366.310, 7944.591, 8316.616, 8398.335. Das Überwiegen negativer (B-R)-Werte ist darauf zurückzuführen, daß die meisten beobachteten Schwächungen auf dem absteigenden Ast der Lichtkurve liegen.

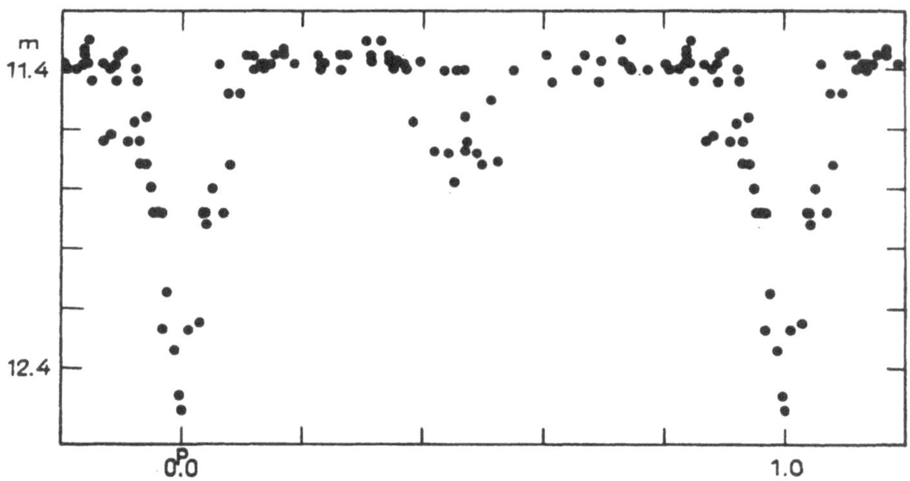

3730. S 7930 Ori Algol-Stern; $14^{m}.6$ – [$16^{m}.5$

Min. = 242 8251.280 + $2^{d}.48153 \cdot E$

$D = 0^{d}.25$ d = ?

JD	E	B-R	JD	E	B-R
242 8251.328	0	+0.048	242 8983.330	295	-0.001
8494.463	98	-0.007	9231.521	395	+0.037
8809.597	225	-0.027	9251.344	403	+0.007
8834.499	235	+0.060	9576.489	534	+0.072

JD	E	B-R	JD	E	B-R
242 9638.446	559	-0.009	243 7204.606	3608	-0.034
9943.592	682	-0.091	8003.639	3930	-0.054
243 0025.549	715	-0.025	8398.316	4089	+0.060
0375.417	856	-0.053	8410.594	4094	-0.070
6626.372	3375	-0.072	8765.523	4237	0.000

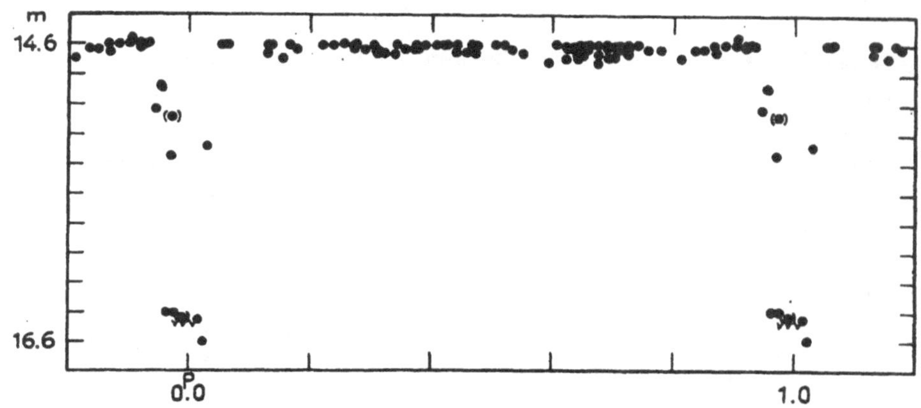

3731. S 7931 Ori Bedeckungsstern; $13^m_.3 - 14^m_.7$

$$\text{Min.} = 242\ 8251.328 + 1^d_.040442 \cdot E$$

JD	E	B-R	JD	E	B-R
242 8251.328	0	0.000	243 0264.600	1935	+0.017
8513.513	252	-0.006	0319.684	1988	-0.043
8894.359	618	+0.038	0704.672	2358	-0.018
9229.385	940	+0.042	6231.493	7670	-0.025
9333.360	1040	-0.028	6612.318	8036	-0.002
9646.560	1341	-0.001	6851.632	8266	+0.010
9670.474	1364	-0.017	6904.638	8317	-0.046
9906.615	1591	-0.056	8318.640	9676	-0.005
9930.604	1614	+0.003	8410.258	9764	+0.054
243 0025.284	1705	+0.002	8824.304	10162	+0.004

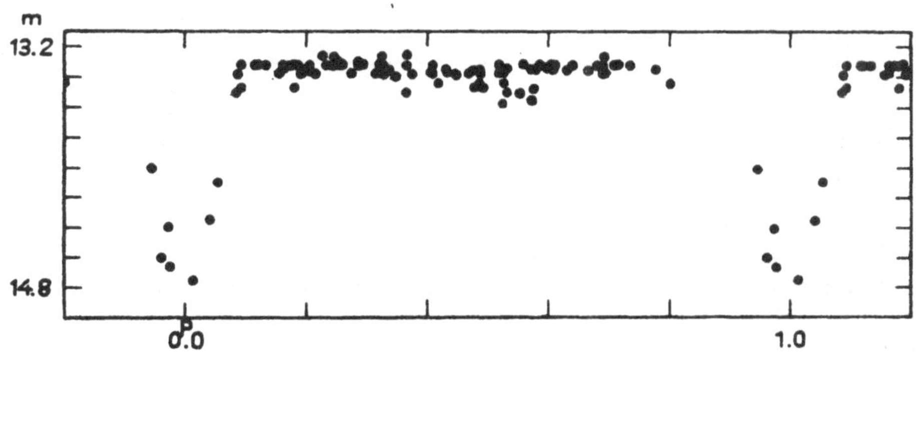

3732. S 7932 Ori Unregelmäßig; $12^{m}.7$ – 13^{m}

Von dem roten Stern (Farbe siehe Palomar Blätter 1494) wurden meist nur Stillstände im hellen Licht beobachtet. Die Amplitude der verhältnismäßig seltenen Wellen übersteigt nicht $0^{m}.3$.

3733. S 7933 Ori Unregelmäßig; $15^{m}.3$ – $16^{m}.1$

Während auf den Platten der beiden 40-cm-Astrographen die Helligkeit des Sterns fast konstant ist (von Sep. 1938 bis Feb. 1944 $\approx 16^{m}.1$; von Okt. 1963 bis Jan. 1965 $\approx 15^{m}.3$), streuen die Beobachtungen auf den Triplet-Platten des 17-cm-Astrographen regellos zwischen $15^{m}.3$ und 16^{m}. RW-Aurigae-ähnlicher Lichtwechsel ist nicht ausgeschlossen.

3734. S 7934 Ori Algol-Stern; $14^{m}.4$ – $15^{m}.0$

Min. = 242 9617.636 + $3^{d}.77068 \cdot E$

D = $0^{d}.20$ d = $0^{d}.0$

JD	E	B-R
242 9617.626	0	-0.010
243 0409.491	449	+0.012
8003.639	2224	+0.011
8331.669	2311	-0.008

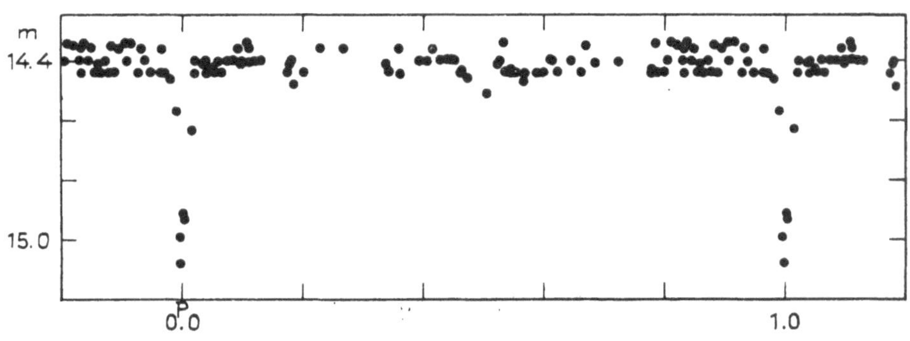

3735. S 7935 Gem Langsam veränderlich; $15^{m}.8$ – $16^{m}.4$

Für diesen Veränderlichen eigneten sich wegen seiner geringen Helligkeit nur die Platten der beiden 40-cm-Astrographen. Der Lichtwechsel des Sterns verläuft in flachen Wellen von etwa 100^{d} Länge, Maxima bei 243 9360 und 9630. Ob eine Periodizität vorliegt, bedarf einer Untersuchung auf reichhaltigerem Plattenmaterial. Das Blattpaar 1470 des Palomar Atlasses zeigt, daß der Stern stark rot ist.

3736. S 7936 Gem Bedeckungsstern; $15^m.7 - 16^m.6$

Min. = 242 9168.610 + $1^d.70026 \cdot E$

JD	E	B-R
242 9168.578	0	-0.032
9231.521	37	+0.001
243 0025.549	504	+0.008
0319.684	677	-0.002

Die Möglichkeit besteht, daß die Elemente nicht zutreffend sind, obwohl die Beobachtungen eine Lichtkurve ergeben.

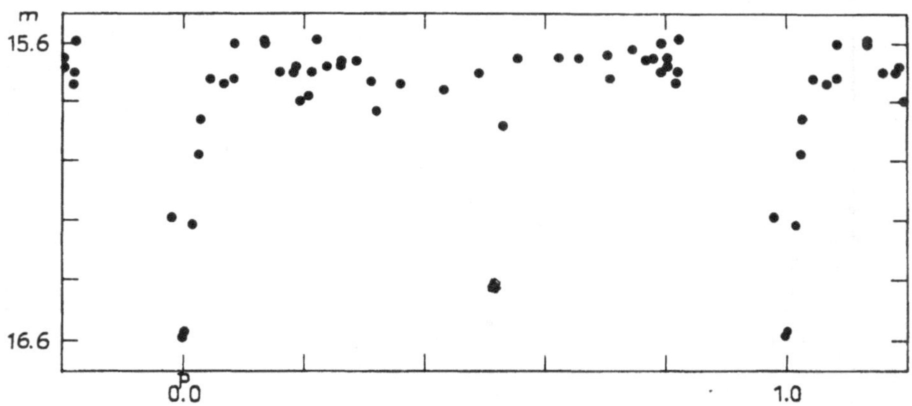

3737. S 7937 Gem Mira-Stern; $12^m.7$ - [18^m

Max. = 242 9132 + $386^d \cdot E$

JD	E	B-R	JD	E	B-R
242 9140	0	+8	243 8005	23	-5
9510	1	-8	8400	24	+4
9900	2	-4	8790	25	+8
243 6845	20	-7			

3738. S 7938 Gem RR-Lyrae-Stern; $15^m.8$ - 17^m

Max. = 242 9231.525 + $0^d.371098 \cdot E$

M - m = $0^d.05$ Typus RRab

JD	E	B-R	JD	E	B-R
242 9231.542	0	+0.017	243 0326.603	2951	-0.032
9250.453	51	+0.003	0409.365	3174	-0.025
9364.370	358	-0.008	1146.376	5160	-0.015
9575.515	927	-0.018	8318.618	24487	+0.016
9619.696	1046	+0.003	8406.549	24724	-0.003
9641.613	1105	+0.025	8407.294	24726	0.000
243 0257.608	2765	-0.003	8410.258	24734	-0.005

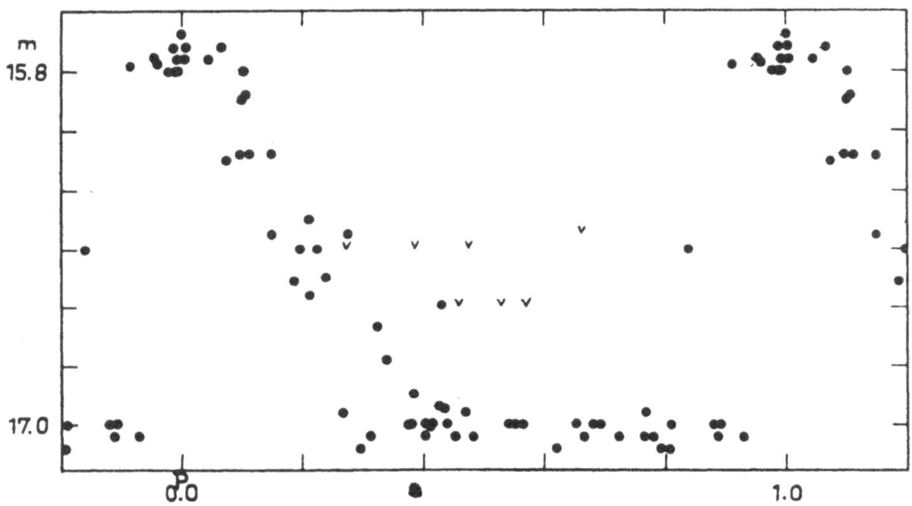

3739. S 7939 Gem RR-Lyrae-Stern; $16^m.0$ - 17^m

Max. = 242 9575.485 + $0^d.561652 \cdot E$

M - m = $0^d.08$ Typus RRab

JD	E	B-R
242 9575.515	0	+0.030
9984.400	728	+0.032
243 0372.442	1419	-0.027
1146.418	2797	-0.008
8406.339	15723	0.000
8407.462	15725	-0.001
8410.258	15730	-0.013

Ob die Beobachtungslücke von E = 2797 bis E = 15723 richtig überbrückt wurde, bedarf einer Untersuchung.

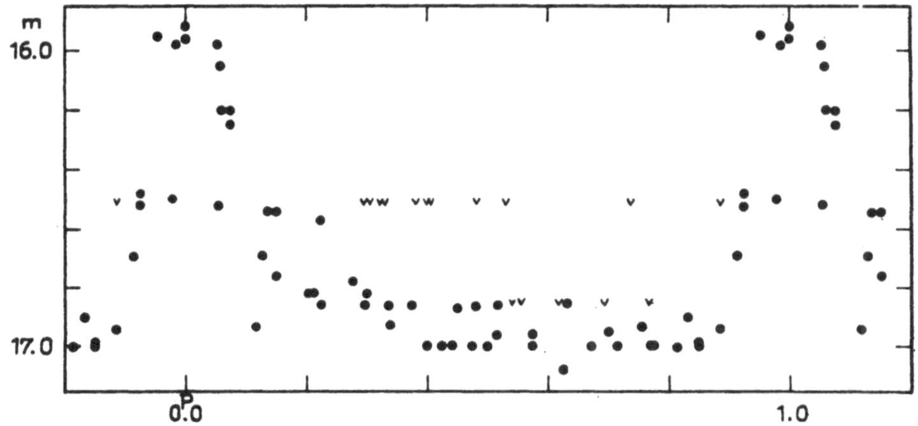

3740. S 7940 Gem Langsam veränderlich; $12^{m}_{.}9 - 13^{m}_{.}2$

Die Lichtänderungen verlaufen sehr langsam und flach. Stillstände von etwa 200^{d} Dauer wurden ebenfalls beobachtet. Auf dem Palomar Atlas ist erkennbar, daß der Stern rot ist.

3741. S 7941 Gem Langsam veränderlich; $10^{m}_{.}6 - 11^{m}_{.}2$

Der Stern ist rot und nur wenig veränderlich. Neben flachen Wellen geringer Amplitude kommen Zeiten (60^{d} bis 150^{d} Dauer) fast völliger Konstanz vor.

3742. S 7942 Gem Langsam veränderlich; $11^{m}_{.}6 - 12^{m}_{.}3$

Unregelmäßige Wellen ohne raschere Änderungen, unterbrochen von Stillständen, kennzeichnen den Lichtwechsel des Sterns. Rote Farbe.

3743. S 7943 Gem W-Ursae-maioris-Stern; $16^{m}_{.}7 - 17^{m}_{.}5$

Min. = 243 8406.320 + $0^{d}_{.}3342 \cdot E$

$A_1 = A_2 = 0^{m}_{.}8$

Der Veränderliche wird wegen seiner geringen Helligkeit auf den Platten der 40-cm-Astrographen nur schwach abgebildet, worauf die Streuung der Beobachtungen in der Lichtkurve zurückzuführen ist. Auch die ermittelten Elemente sind aus diesem Grund etwas unsicher.

JD	E	B-R	JD	E	B-R
243 8318.618	-262.5	+0.026	243 8406.635	+ 1	-0.019
8399.304	- 21	+0.002	8407.336	3	+0.013
8406.297	0	-0.023	8407.504	3.5	+0.014
8406.339	0	+0.019	8410.342	12	+0.012
8406.465	+ 0.5	-0.022	8410.510	+12.5	+0.013
8406.507	+ 0.5	+0.020			

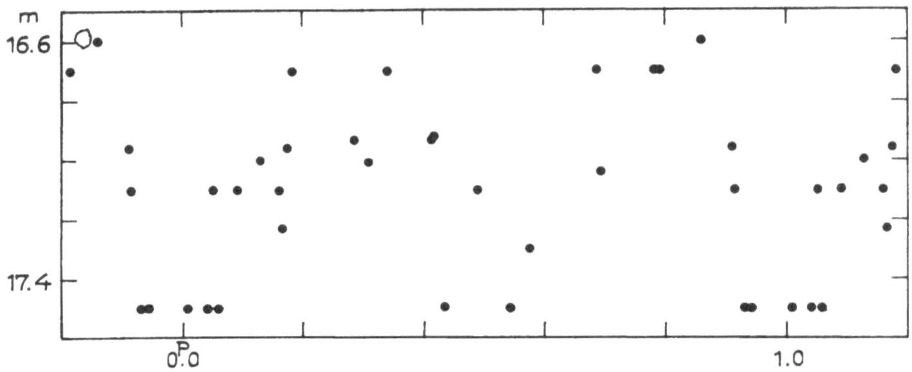

3744. S 7944 Gem Bedeckungsstern; $13^m.5 - 13^m.9$

Min. = 242 8809.650 + $0^d.95422$

JD	E	B-R	JD	E	B-R
242 8809.597	0	-0.053 A	243 0704.672	1986	-0.059 A
8897.378	92	-0.060 A	1146.502	2449	-0.033
9229.562	440	+0.055 A	7315.491	8914	-0.076 A
9250.453	462	-0.047	8003.639	9635	+0.079
9501.509	725	+0.050	8049.295	9683	-0.067
243 0069.311	1320	+0.091 A			

Die Beobachtungen des 17-cm-Triplets, bezeichnet mit A, sind in der Lichtkurve nicht enthalten.

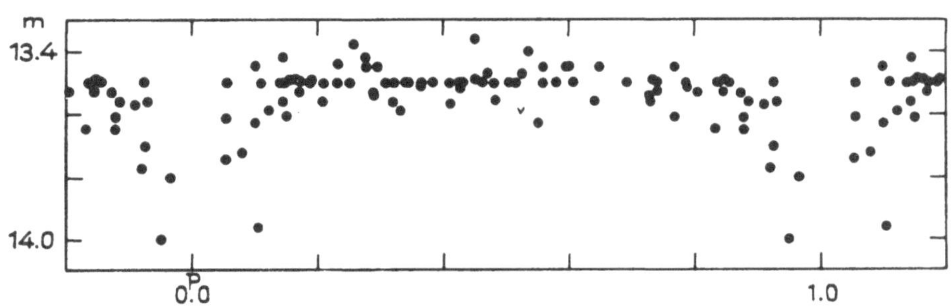

3745. S 7945 Gem Bedeckungsstern; $16^m - 17^m$

Nur eine sichere Schwächung, welche bei 243 0319.684 liegt, ließ sich von dem Stern finden. Bei 243 0433.397 ist er wahrscheinlich um etwa $0^m.2$ schwächer als im Normallicht.

3746. S 7946 Gem Mira-Stern; $15^m.3$ -[19^m

Max. = 242 9640 + $217^d.5$·E

JD	E	B-R
242 9640	0	0
243 8340	40	0
8770	42	-5

Einzelbeobachtungen, die den Epochenzahlen -3, -2, +2 und +3 zugehören, passen gut zu den angegebenen Elementen. Es ist allerdings nicht völlig ausgeschlossen, daß die Beobachtungslücke mit nur 39 Epochenzahlen zu überbrücken ist bei einer Periode von 223^d.

3747. S 7947 Gem RR-Lyrae-Stern; $14^m.5 - 15^m.8$

Max. = 242 9163.628 + $0^d.499453$·E

M - m = $0^d.10$ Typus RRab

JD	E	B-R	JD	E	B-R
242 9163.588	0	-0.040	243 0369.348	2414	+0.041
9168.578	10	-0.044	1145.460	3968	+0.003
9231.542	136	-0.012	1146.460	3970	+0.004
9317.460	308	+0.001	8318.618	18330	+0.017
9617.626	909	-0.005	8406.507	18506	+0.003
9641.613	957	+0.009	8407.520	18508	+0.016
243 0368.352	2412	+0.043	8410.490	18514	-0.011

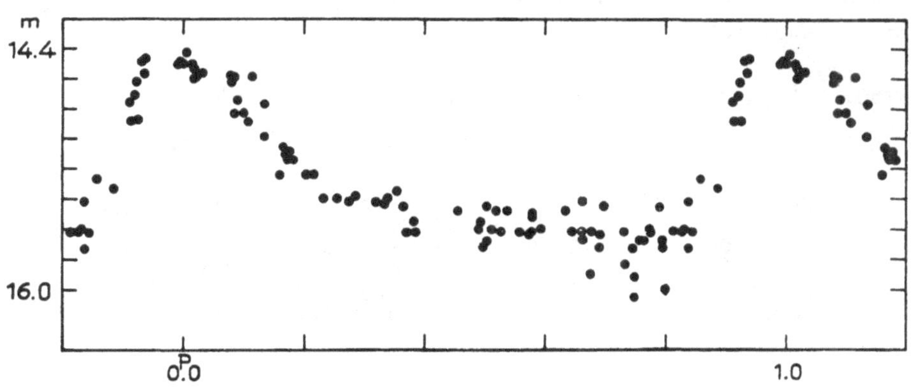

3748. S 7948 Gem Algol-Stern; $15^m.2 - 16^m.3$

Min. = 242 9231.593 + $1^d.427281 \cdot E$

D = $0^d.25$ d = $0^d.0$

JD	E	B–R	JD	E	B–R
242 9231.563	0	-0.030	243 8003.639	6146	-0.023
243 0260.619	721	-0.044	8049.295	6178	-0.040
0380.585	805	+0.031	8407.570	6429	-0.012
0433.397	842	+0.033	8410.447	6431	+0.010

Die Beobachtungsgenauigkeit wurde etwas beeinträchtigt durch zwei schwache Nachbarsterne (nördlich voraus und nördlich folgend, erkennbar auf Palomar Blattpaar 23).

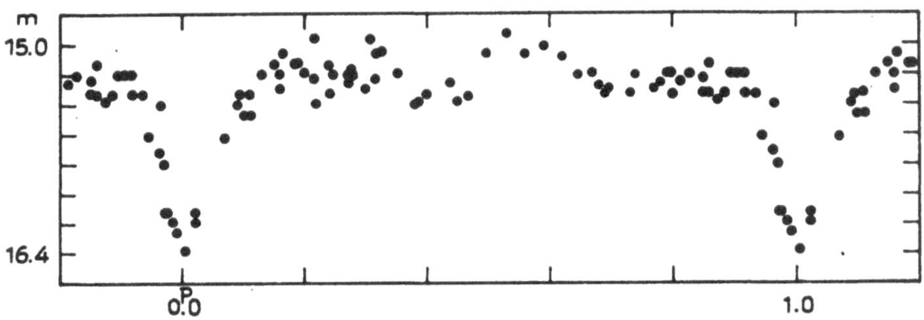

3749. S 7949 Gem Langsam veränderlich; $15^m.8 - 16^m.6$

Die Helligkeitsänderungen dieses roten Sterns sind geringfügig. Auf den Platten des alten 40-cm-Astrographen der Jahre 1938 bis 1944 wurden Stillstände und sehr flache Wellen zwischen $16^m.3-16^m.6$ beobachtet. Von 1963 bis 1965 schwankt die Helligkeit nur wenig um den Wert 16^m.

3750. S 7950 Gem Bedeckungsstern; $15^m.0 - 16^m.2$

Min. = 242 9250.580 + $1^d.131194 \cdot E$

JD	E	B–R	JD	E	B–R
242 9250.600	0	+0.020	243 1146.440	1676	-0.021
9638.617	343	+0.038	8003.639	7738	-0.120
243 0025.549	685	+0.101	8406.465	8094	+0.001
0380.585	999	-0.058	8407.588	8095	-0.007

JD	E	B-R	JD	E	B-R
242 9231.521	0	+0.006	243 0409.406	2887	+0.017
9501.509	662	-0.097	1145.427	4691	+0.019
9634.628	988	+0.016	8384.429	22434	+0.010
9659.480	1049	-0.019	8398.316	22468	+0.026
243 0257.608	2515	-0.008	8406.465	22488	+0.015
0266.606	2537	+0.014	8407.252	22490	-0.014
0326.603	2684	+0.036	8410.510	22498	-0.020

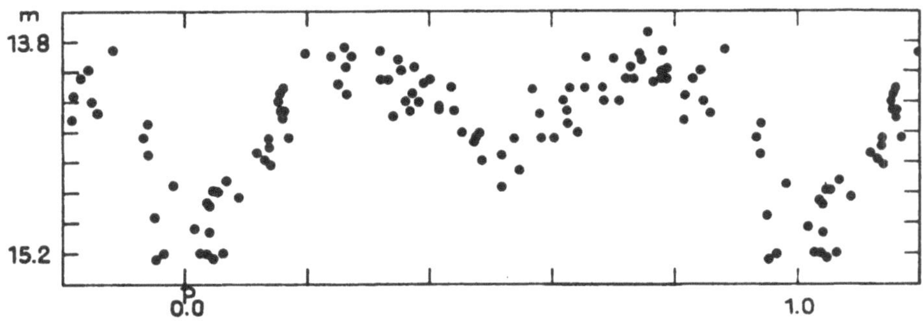

3754. S 7954 Gem Bedeckungsstern; $16\overset{m}{.}3 - 16\overset{m}{.}8$

Der Stern ließ sich wegen seiner Schwäche nur schwierig beobachten. Die Reihenaufnahmen lassen Bedeckungslichtwechsel mit den Elementen

$$\text{Min} = 243\ 8406.440 + 0\overset{d}{.}54 \cdot E$$

vermuten.

3755. S 7955 Gem β-Lyrae-Stern; $13\overset{m}{.}8 - 15\overset{m}{.}2$

$$\text{Min.} = 242\ 9168.640 + 2\overset{d}{.}348980 \cdot E$$

$$A_2 = 0\overset{m}{.}6$$

JD	E	B-R	JD	E	B-R
242 9168.578	0	-0.062	243 0326.603	493	-0.084
9519.696	192	+0.052	1146.502	842	+0.021
9659.480	209	-0.097	8407.140	3933	-0.038
243 0319.684	490	+0.044	9142.442	4246	+0.033

Auch die beiden auf Triplet-Platten gefundenen Minima (242 8494.463, 9638.446) passen gut zu den Elementen.

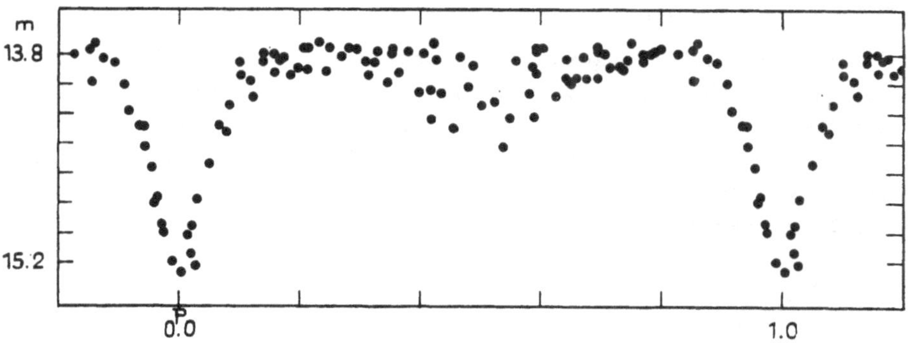

3756. S 7956 Gem Unbekannt; $13\overset{m}{.}4$ - $13\overset{m}{.}8$

Infolge der geringen Amplitude lassen sich keine bestimmten Aussagen über die Art des Lichtwechsels machen, eine kurze Periode scheint jedoch nicht vorzuliegen. Auf den Platten des neuen 40-cm-Astrographen schwankt die Helligkeit des Sterns zwischen $13\overset{m}{.}4$ und $13\overset{m}{.}6$, auf den Platten des alten 40-cm-Astrographen zwischen $13\overset{m}{.}6$ und $13\overset{m}{.}8$.

3757. S 7957 Gem Bedeckungsstern; $15\overset{m}{.}4$ -[18^m

Der Stern befindet sich auf vorliegendem Plattenmaterial nur zu folgenden Zeiten im Minimum ([18^m):

243 1145.427 und .516	2	Platten
1146.288 bis .545	7	" .

Algol-Lichtwechsel mit langer Periode ist sehr wahrscheinlich. Nach Palomar Blattpaar 417 besteht der Veränderliche aus zwei dicht beieinander stehenden Komponenten, deren südlich gelegene blau gefärbt ist.

3758. S 7958 Gem Unregelmäßig; $15\overset{m}{.}2$ - $15\overset{m}{.}8$

Der Lichtwechsel des Sterns vollzieht sich in unregelmäßigen Wellen mit geringer Amplitude. Von 243 0260 bis 0400 zeigt die allerdings etwas lückenhafte Beobachtungsreihe einen Stillstand im schwachen Licht. Nach den Blättern 417 des Palomar Atlasses ist der Stern rot.

3759. S 7959 Gem Langsam veränderlich; $13^{m}.4 - 14^{m}.5$

Der Lichtwechsel dieses roten Sterns wird gekennzeichnet durch ein gut eingehaltenes Normallicht bei $13^{m}.4$. Bei 242 9364, 9710 und 243 0390 wurden Schwächungen gefunden, so daß der Eindruck entsteht, eine Periode von etwa 340^{d} sei möglich. Diese Annahme müßte jedoch erst noch durch reichhaltigeres Beobachtungsmaterial bestätigt werden.

Feld e Geminorum

3760. S 9206 Gem Algol-Stern; $15^m.2 - 16^m.3$

Min. = 243 0428.39 + $6^d.15396 \cdot E$

D = $0^d.60$ d = $0^d.30$

JD	E	B-R
243 0428.35	0	-0.04
1031.58	98	+0.10
8385.48	1293	+0.02
8816.40	1363	+0.16
9905.26	1540	-0.23
9942.40	1546	-0.01

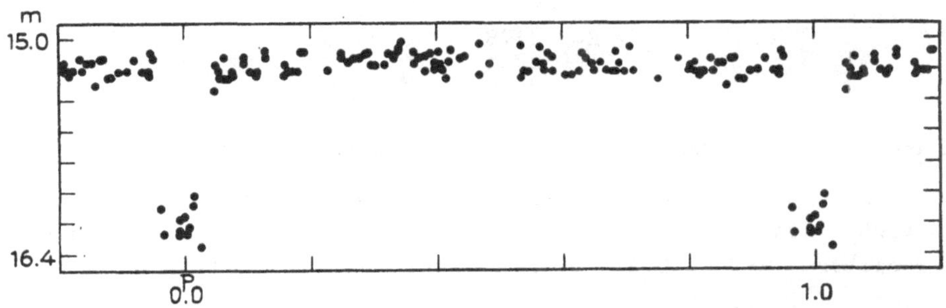

3761. S 9207 Gem Algol-Stern; $16^m.0 - 16^m.8$

Min. = 243 0463.270 + $2^d.93091 \cdot E$

D = $0^d.45$ d = $0^d.0$

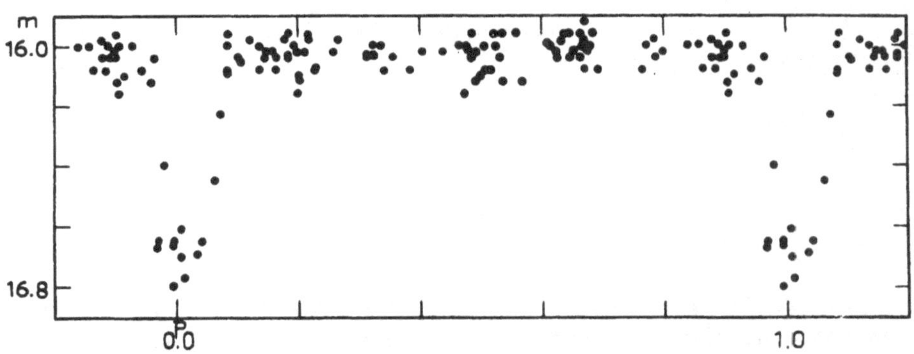

JD	E	B-R	JD	E	B-R
243 0463.370	0	+0.100	243 9443.599	3064	+0.021
0996.599	182	-0.097	9915.400	3225	-0.055
8385.504	2703	-0.016	9918.445	3226	+0.059
8816.402	2850	+0.039			

3762. S 9208 Gem U-Geminorum-Stern; $14^m_.7$ -[$17^m_.5$

Es wurden nur 3 Maxima beobachtet, deren Auf- und Abstiege in etwa 5 bis 10 Tagen verlaufen. Die Beobachtungen widersprechen nicht den Elementen

$$\text{Max.} = 243\ 0378 + 258^d_.3 \cdot E,$$

wobei eine Halbierung der Periode möglich ist.

JD	E	B-R
243 0378	0	0
8385	31	0
9938	37	+3

3763. S 9209 Gem Bedeckungsstern? $14^m_.4$ - $14^m_.7$

In Anbetracht der kleinen Amplitude war die Auswertung der Beobachtungen etwas schwierig. Die folgenden Schwächungen scheinen gesichert: 243 0428.3, 0619.6, 1008.6, 1027.6, 1204.4, 8084.4, 8384.5, 9876.3, 9917.5.

Einige gut passende Periodenwerte führen zu Widersprüchen mit Beobachtungen, die den Stern hell zeigen.

3764. S 9210 Gem Mira-Stern; $14^m_.8$ -[18^m

$$\text{Max.} = 243\ 0530 + 360^d_.5 \cdot E$$

JD	E	B-R
243 0530	0	0
0890	1	- 0.5
1250	2	- 1
8460	22	- 1
8850	23	+28.5
9540	25	- 2.5
9910	26	+ 7

Die Maxima waren nicht sicher bestimmbar, da sie nur aus Einzelbeobachtungen bzw. Auf- und Abstiegen abgeleitet werden konnten.

3765. S 9211 Gem Algol-Stern; $15^m_.2$ –[17^m

Min. = 243 0996.570 + $3^d_.68853$·E

D = $0^d_.55$ d = $0^d_.07$

JD	E	B–R	JD	E	B–R
243 0996.600	0	+0.030	243 8816.402	2120	+0.148
8373.610	2000	–0.020	8849.362	2129	–0.088
8384.601	2003	–0.095	9904.365	2415	–0.005
8410.472	2010	–0.043	9915.436	2418	+0.001
8473.321	2027	+0.101	9941.321	2425	+0.066

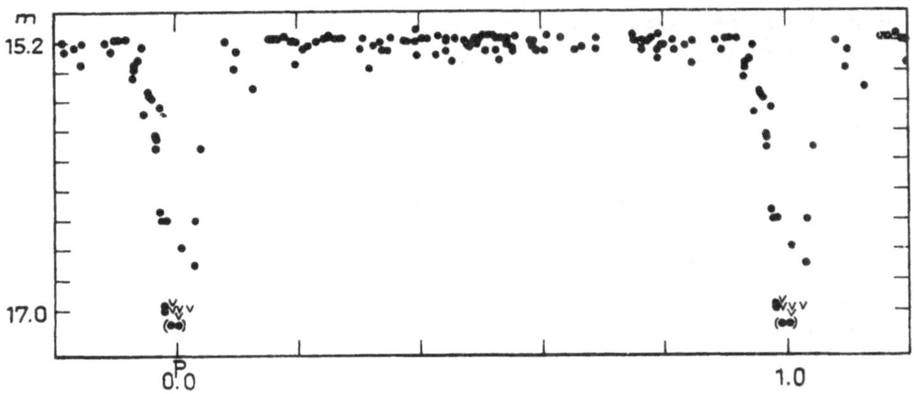

3766. S 9212 Gem RW-Aurigae-Stern; $13^m_.9$ – $14^m_.8$

Von diesem Stern wurden folgende Schwächungen gefunden: 243 0435.35, 0764.56, 0792.41, 1204.38, 8407.52, 8463.30, 9452.65, 9947.40, 9948.37.

Einige durch Reihenaufnahmen belegte Teilkurven machen einen algol-artigen Eindruck. Es ließ sich jedoch keine Periode finden, die nicht in Widerspruch mit hellen Beobachtungen steht. Das Normallicht, das häufig bei etwa $14^m_.3$ liegt, wird mehrmals überschritten (maximal um $0^m_.4$).

3767. S 10204 Gem Unregelmäßig; $15^m_.8$ – $16^m_.5$:

Ein großer Teil der Platten konnte wegen Randnähe des Sterns nicht ausgewertet werden. Die sonstigen Beobachtungen lassen vermuten, daß wahrscheinlich unregelmäßiger Lichtwechsel vorliegt. Stark rot gefärbt.

3768. S 10205 Gem Halbregelmäßig; $15^m_.2 - 16^m$

Max. = 243 0350 + $159^d_.7 \cdot E$

JD	E	B–R
243 0350	0	0
0995	4	+ 6
1145	5	– 3
8330	50	– 5
8480:	51	–15
9935	60	+ 3

Mit obigen Elementen lassen sich nicht alle Beobachtungen widerspruchsfrei darstellen, so zum Beispiel bei 243 9452 (E = 57), wo die Helligkeit des Sterns schwach ist. Rote Farbe.

3769. S 10206 Mon δ-Cephei-ähnlich; $16^m_.5 - 17^m_.5$:

Randnähe und Lichtschwäche machten die Beobachtung schwierig. Das Vorhandensein von Reihenaufnahmen der Schmidt-Kamera (50/70/172 cm) des benachbarten Feldes S Mon ermöglichte die Feststellung, daß der Veränderliche mindestens an 3 aufeinander folgenden Tagen konstant hell ist und wahrscheinlich einen δ-Cephei-ähnlichen Lichtwechsel aufweist. Ob die Elemente

Max. = 243 0326.5 + $7^d_.998 \cdot E$

gültig sind, konnte nicht mit Sicherheit festgestellt werden.

JD		E	B–R	JD		E	B–R
243 0326.5		0	+0.5	243 4771	S	556	–1.9
0428.3		13	–1.7	4779	S	557	–1.9
0996.6		84	–1.2	8084.4		970	+0.3
1031.6		88	+1.8	8387.5		1008	–0.5
1470.5		143	+0.8	9443.6		1140	–0.1
4661	S	542	+0.1	9452.6		1141	+0.9
4715	S	549	–1.9	9915.4		1199	–0.2

S = Beobachtungen der Schmidt-Kamera

3770. S 10207 Gem Bedeckungsstern; $15^m_.4 - 16^m_.0$

Der Stern ist nur auf der Entdeckungsplatte (243 8331.615) bis auf 16^m geschwächt. Auf dem weiteren Plattenmaterial streut er wenig um $15^m_.0$. Rote Farbe.

3771. S 10208 Gem Bedeckungsstern; $14\overset{m}{.}7$ - $15\overset{m}{.}3$

Es wurden 4 Schwächungen gefunden (243 0377.621, 0381.605, 0383.513 und 8331.615), die für die Bestimmung der Periode nicht ausreichen. Sehr wahrscheinlich sind die genäherten Elemente

$$\text{Min.} = 243\ 0377.62 + 1\overset{d}{.}97 \cdot E.$$

Auf dem Palomar Atlas ist ersichtlich, daß der Veränderliche aus 3 Komponenten besteht, die nicht merklich gefärbt sind.

3772. S 10209 Gem Bedeckungsstern; $15\overset{m}{.}4$ - $17\overset{m}{.}5$:

Die Minima sind sehr selten. Sie liegen bei 243 0996.60, 8331.62, 8467.30 und 9918.48. Die gefundenen Periodenwerte führen auf Widersprüche.

3773. S 10210 Gem Algol-Stern; $14\overset{m}{.}9$ - [$16\overset{m}{.}7$

$$\text{Min.} = 243\ 0328.74 + 5\overset{d}{.}90324 \cdot E$$

$D = 0\overset{d}{.}60$ $d = 0\overset{d}{.}0$

JD	E	B-R	JD	E	B-R
242 8510.46	-308	-0.08	243 8386.62	+1365	-0.04
9685.30	-109	+0.01	8398.32	1367	-0.15
243 0328.69	0	-0.05	8410.30	1369	+0.02
0346.62	+ 3	+0.17	9142.44	1493	+0.16
1143.42	138	+0.03	9508.38	1555	+0.10
1503.47	199	-0.01	9915.50	+1624	-0.10
3569.56	+549	-0.06			

Bei diesem Stern war es möglich, die Aufnahmen des Nachbarfeldes ν Gem nach Minima abzusuchen.

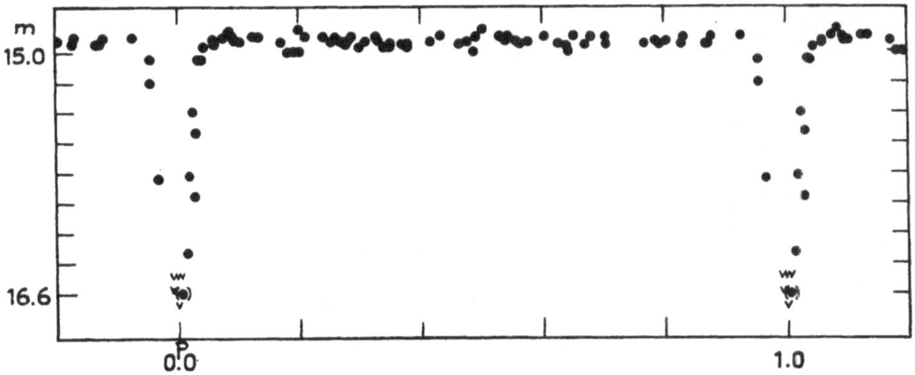

3774. S 10211 Gem Algol-Stern; $15^{m}.3$ – $17^{m}.0$:

Min. = 243 0377.60 + $3^{d}.78067$·E

D = $0^{d}.40$ d = $0^{d}.0$

JD	E	B-R	JD	E	B-R
243 0377.62	0	+0.02	243 8411.48	2125	-0.04
0400.29	6	+0.01	8464.39	2139	-0.06
0619.60	64	+0.04	8740.46	2212	+0.02
1031.58	173	-0.08	9443.60	2398	-0.05
2173.52	475	+0.10	9946.41	2531	-0.07
8373.65	2115	-0.07			

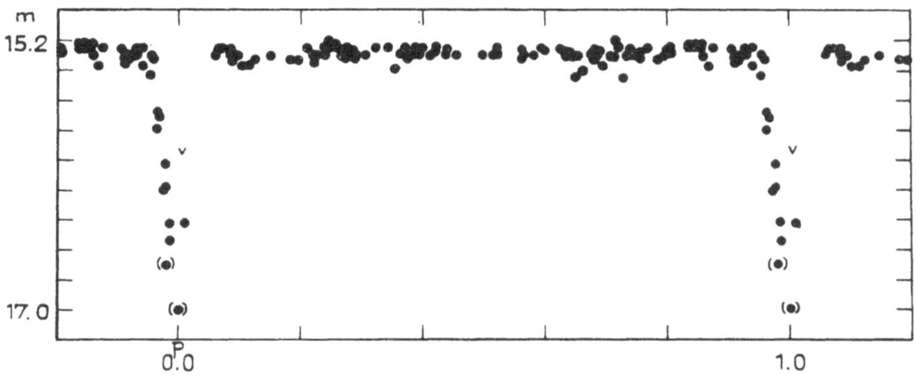

3775. S 10212 Gem Bedeckungsstern; $16^{m}.0$ – $16^{m}.4$

Folgende Schwächungen sind beobachtet: 243 0326.65, 0328.69, 1008.63 und 1143.42. Auffallend ist, daß die etwa 100 Platten der Jahre 1963 bis 1968 kein einziges Minimum nachweisen. Der Stern ist rot.

3776. S 10213 Mon Mira-Stern; $15^{m}.2$ – [17^{m}

Max. = 243 0615 + 374^{d}·E

JD	E	B-R	JD	E	B-R
243 0620	0	+ 5	243 8090	20	-5
1000	1	+11	8470	21	+1
1350	2	-13	9960	25	-5
4740	11	+11 +)			

+) im hellen Licht auf Palomar Atlas

Die angegebenen Maxima sind unsicher, da es ausschließlich Einzelbeobachtungen sind, nach denen sie abgeleitet wurden. Stark rote Farbe.

3777. S 10214 Gem Algol-Stern; $15^m.3$ –[$16^m.7$

Min. = 243 0346.59 + $3^d.81989$·E

D = $0^d.50$ d = $0^d.0$

JD	E	B–R
243 0346.62	0	+0.03
8383.54	2104	–0.10
8387.47	2105	+0.01
8406.52	2110	–0.04
8410.39	2111	+0.01
9533.44	2405	+0.02
9915.40	2505	–0.01

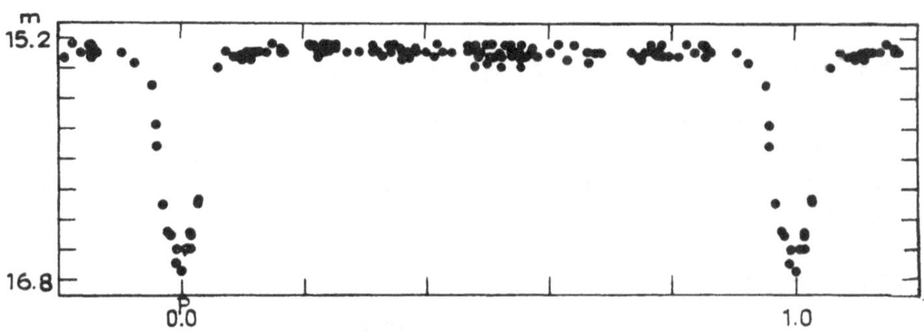

3778. S 10215 Mon Unregelmäßig; $13^m.0$ – $13^m.4$

Von diesem roten Stern wurden unregelmäßige Helligkeitsschwankungen geringer Amplitude sowie Stillstände beobachtet.

3779. S 10216 Mon Mira-Stern? $16^m.5$ –[18^m

Nur auf 2 Platten (243 9533.416 und .466) ist der Stern sichtbar. Auf dem Palomar Atlas wird er äußerst schwach abgebildet. Stark rote Farbe.

3780. S 10217 Gem RR-Lyrae-Stern; $15^m.4$ – $16^m.5$

Max. = 243 8373.589 + $0^d.347611$·E

M – m = $0^d.05$: Typus RRab

JD	E	B-R	JD	E	B-R
243 8373.589	0	0.000	243 9917.322	4441	-0.007
8386.439	37	-0.012	9918.372	4444	0.000
8387.466	40	-0.027	9941.321	4510	+0.006
8410.408	106	-0.028	9942.371	4513	+0.014
8412.521	112	0.000	9943.402	4516	+0.002
9876.310	4323	-0.001			

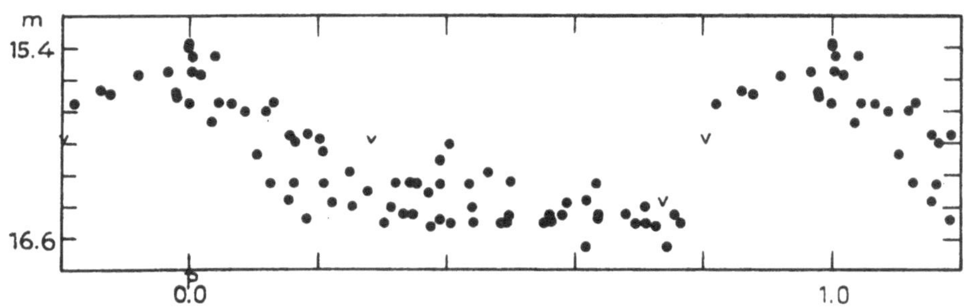

3781. S 10218 Gem Bedeckungsstern; $14^{m}.3 - 16^{m}.5$

Die geringe Anzahl der Beobachtungen (30 Aufnahmen des 40-cm-Astrographen) verhindert die Bestimmung der Periode. Zu folgenden Daten ist der Stern geschwächt: 243 0428.35, 0618.60 (nur gering), 0780.30.

3782. S 10219 Gem β-Lyrae-Stern; $14^{m}.5 - 15^{m}.0$

Min. = 243 0328.694 + $0^{d}.726200 \cdot E$

$A_1 = 0^{m}.5$ $A_2 = 0^{m}.4$

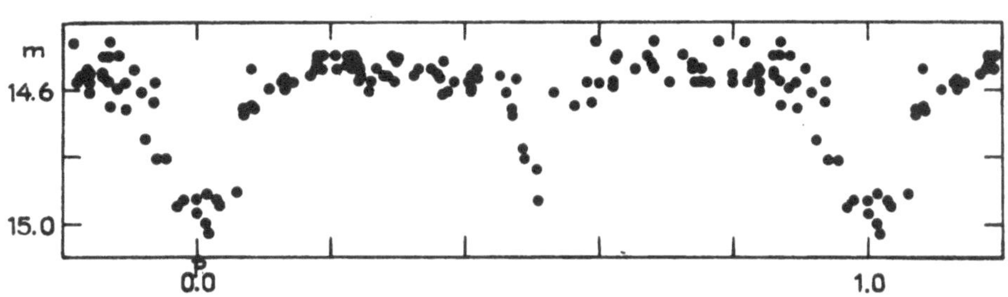

JD	E	B–R	JD	E	B–R
243 0328.694	0	0.000	243 8739.529	11582	–0.013
0383.513	75.5	–0.009	9443.599	12551.5	+0.006
8373.547	11078	+0.009	9452.683	12564	+0.012
8384.442	11093	+0.011	9904.367	13186	0.000
8386.566	11096	–0.043	9917.465	13204	+0.026
8464.310	11203	–0.003	9945.404	13242.5	+0.007

3783. S 10220 Gem RW-Aurigae-Stern; $15^{m}.3$ – 17^{m}

Auf Reihenplatten ändert sich die Helligkeit des Veränderlichen fast nicht, sie schwankt bis $0^{m}.4$ bei 17^{m}. In den Jahren 1941 bis 1945 besteht offenbar die Tendenz, ein bei 17^{m} liegendes Ruhelicht einzuhalten, von dem aus steile Aufstiege in ungefähr 1^{d} stattfinden. Die Maxima liegen bei 243 0328, 0764, 1027, 1028, 1353 und 1489, so daß der Eindruck entsteht, in dieser Beobachtungszeit ist eine Periode von etwa 64^{d} gültig. Eine geringe Blaufärbung des Sterns scheint vorhanden zu sein.

3784. S 10221 Gem RR-Lyrae-Stern; $14^{m}.8$ – $15^{m}.5$

Max. = 243 0428.346 + $0^{d}.526386 \cdot E$

M – m = $0^{d}.08$ Typus RRab

JD	E	B–R	JD	E	B–R
243 0428.346	0	0.000	243 9452.683	17144	–0.025
1031.578	1146	–0.006	9904.345	18002	–0.002
1470.535	1980	–0.055	9915.400	18023	–0.001
1555.369	2141	+0.031	9944.368	18078	+0.016
8373.634	15094	+0.018	9945.404	18080	–0.001
8739.529	15789	+0.075			

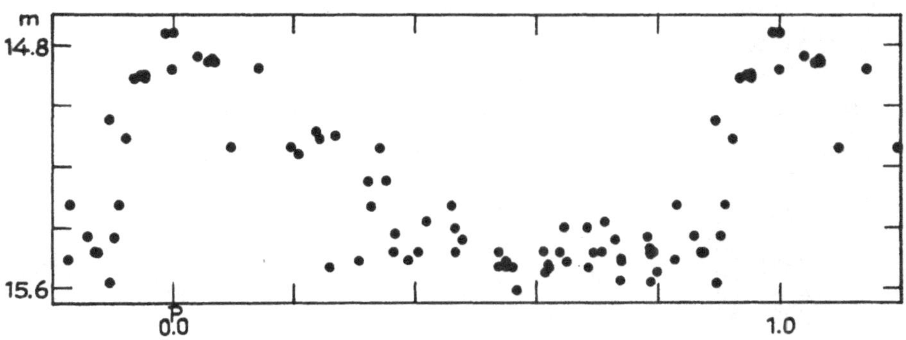

3785. S 10222 Gem Unregelmäßig; $15^{\rm m}.0$ - $15^{\rm m}.7$

Der Stern zeigt langsame und geringfügige, aber sicher erkennbare Helligkeitsänderungen, deren hellstes Licht bei 243 1010, 1450, 8400, 9530 und 9870 liegt. Eine Periodizität war nicht feststellbar. Rote Farbe.

3786. S 10223 Gem Bedeckungsstern; $16^{\rm m}.5$ -[$17^{\rm m}.5$

Min. = 243 1441.55 + $1^{\rm d}.290032 \cdot E$

JD	E	B-R	JD	E	B-R
243 0378.53	- 824	-0.03	243 9443.60	+6203	-0.02
0435.35	- 780	+0.03	9452.65	6210	0.00
1441.53	0	-0.02	9918.37	6571	+0.02
8331.61	+5341	0.00	9940.32	6588	+0.04
8384.50	5382	0.00	9945.40	+6592	-0.04
8406.44	+5399	+0.01			

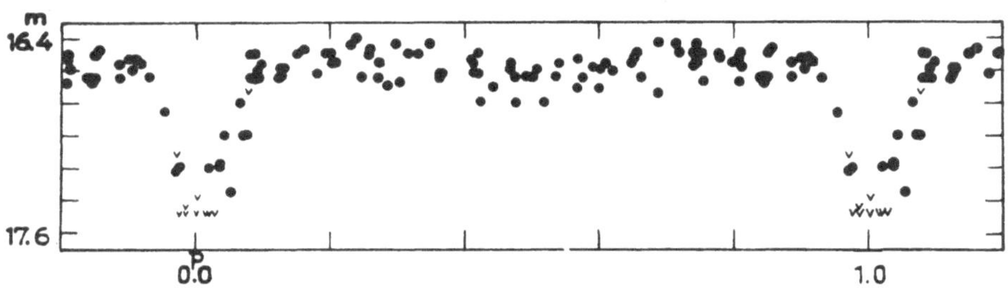

3787. S 10224 Gem Unregelmäßig; $13^{\rm m}.7$ - $14^{\rm m}.3$

Der Veränderliche zeigt einen unregelmäßigen, meist trägen Lichtwechsel. Die Wellen verlaufen flach ohne rasche Helligkeitsänderungen. Rote Farbe.

3788. S 10225 CMi Bedeckungsstern; $11^{\rm m}.8$ - $12^{\rm m}.1$

Min. = 243 8378.59 + $1^{\rm d}.13888 \cdot E$

JD	E	B-R	JD	E	B-R
243 0463.37	-6950	0.00	243 8410.47	+ 28	-0.01
8378.60	0	+0.01	8739.53	317	-0.08
8385.42	+ 6	0.00	9533.47	1014	+0.06
8386.52	+ 7	-0.04	9918.37	1352	+0.01

Wegen der kleinen Amplitude war der Stern etwas schwierig zu schätzen. Die verstärkte Streuung in der Lichtkurve ist auf diesen Umstand zurückzuführen.

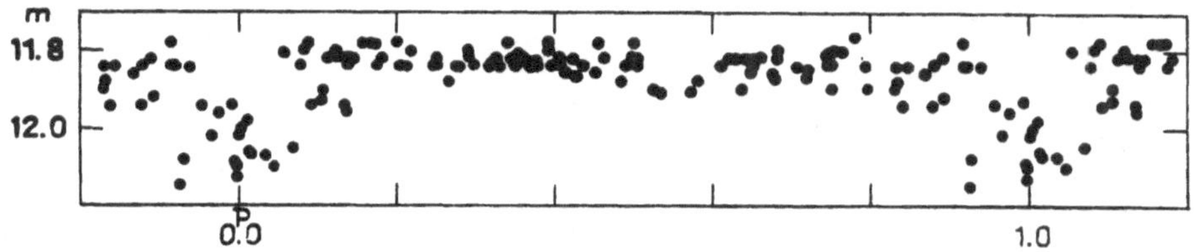

3789. S 10226 CMi RR-Lyrae-Stern; $16^{\mathrm{m}}.0$ –[$16^{\mathrm{m}}.5$

Die Beobachtung des Sterns war wegen Randnähe schwierig, so daß die Ableitung einer widerspruchsfreien Periode nicht gelang. Sie ist wahrscheinlich 1.04/n.

3790. S 10227 CMi Unregelmäßig; $13^{\mathrm{m}}.8$ – $14^{\mathrm{m}}.6$

Die Helligkeitsschwankungen dieses roten Sterns sind unregelmäßig. Im hellen Licht ist er bei 243 0790, 1200, 1480, 9440 und 9920. Gelegentlich scheint eine Periode von etwa 70^{d} wirksam zu sein.

3791. S 10228 CMi Bedeckungsstern; $14^{\mathrm{m}}.1$ –[$16^{\mathrm{m}}.0$

Min. = 243 1555.37 + $10^{\mathrm{d}}.45623 \cdot E$

JD	E	B–R
243 1461.44	– 9	+0.18
1555.37	0	0.00
9533.47	+763	0.00
9941.32	+802	+0.05

Wegen Randnähe konnte ein großer Teil der Platten nicht ausgewertet werden, und die vier gefundenen Schwächungen sind etwas ungenügend für die Bestimmung der Elemente. Es ist daher möglich, daß die Periode falsch ist.

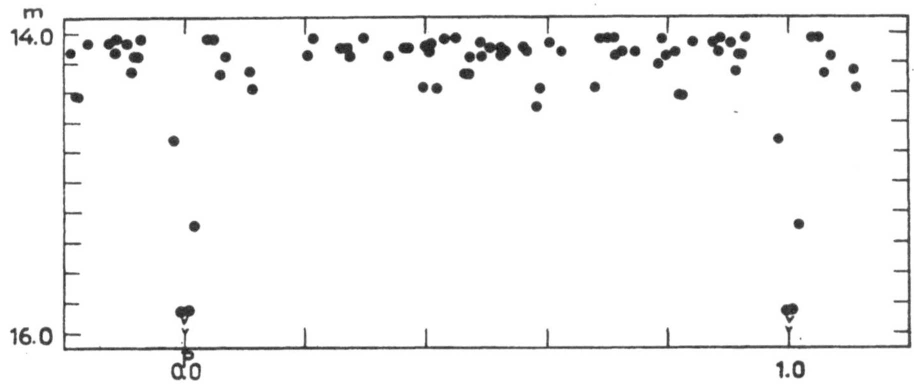
m
14.0
16.0
0.0
1.0

FSC
www.fsc.org
MIX
Papier | Fördert
gute Waldnutzung
FSC® C083411

Zeitfracht Medien GmbH
Ferdinand-Jühlke-Straße 7
99095 Erfurt, Deutschland
produktsicherheit@kolibri360.de